建筑施工特种作业人员培训教材

桩机操作工

本书编委会　组织编写

中国建筑工业出版社

图书在版编目（CIP）数据

桩机操作工/《桩机操作工》编委会组织编写. —北京：
中国建筑工业出版社，2017.2
建筑施工特种作业人员培训教材
ISBN 978-7-112-20211-9

Ⅰ.①桩… Ⅱ.①桩… Ⅲ.①桩基础-工程施工-技
术培训-教材 Ⅳ.①TU473.1

中国版本图书馆 CIP 数据核字（2017）第 004432 号

本书是建筑施工特种作业人员培训教材之一，内容包括：基础知识、桩的基本知识、预制桩施工、混凝土灌注桩施工、桩基检测概述和桩基施工安全技术管理。

本书是建筑施工特种作业人员考核培训必备教材，也可供相关人员自学。

责任编辑：朱首明 李 明 李 阳 赵云波
责任设计：李志立
责任校对：焦 乐 李欣慰

建筑施工特种作业人员培训教材
桩机操作工
本书编委会 组织编写
＊
中国建筑工业出版社出版、发行（北京海淀三里河路 9 号）
各地新华书店、建筑书店经销
北京科地亚盟排版公司制版
廊坊市海涛印刷有限公司印刷
＊
开本：850×1168 毫米 1/32 印张：6½ 字数：167 千字
2017 年 4 月第一版 2017 年 4 月第一次印刷
定价：19.00 元
ISBN 978-7-112-20211-9
（29689）

建筑施工特种作业人员培训教材
编审委员会

主　任：阚咏梅

副主任：艾伟杰

委　员：（按姓氏笔画排序）

于　亮　王立志　王传利　孙　石

冯敬毅　刘　怡　肖　硕　邹德勇

周友龙　郭　瑞　曹安民

前　言

桩基础是工业与民用建筑工程一种常用的基础形式，是深基础的一种，根据材料、受力和施工工艺不同有多种类型。建筑工程桩基础不论采用何种类型的桩，其施工的过程都离不开操作工人，桩机操作工的技能水平直接影响到桩基础的施工质量。为提高建筑施工特种作业人员的素质，防止和减少建筑施工生产安全事故，通过安全技术理论知识和安全操作技能的学习，提高特种作业人员的操作技能和水平，为建筑行业培养高素质的技能型人才，根据建设行业的标准和规范，总结多年来的桩基施工经验编写本教材。

本教材共分为六章，主要内容有：桩基操作工基础知识、桩的基本知识、预制桩施工、混凝土灌注桩施工、桩基检测概述及桩基施工安全技术管理。

本教材注重突出特种作业教材的实用性及桩基操作工的技术操作指导性，对本工种所需的基本知识、专业知识和相关技能知识都进行了适当的编写，尽量做到图文结合、简明扼要、通俗易懂，是当前职工技能鉴定和考核的培训教材，适合建筑工人自学使用，也可供中高职院校学生参考使用。

本教材由王立志、于亮、艾伟杰主编，由于本教材所涉及的知识面较广，编写时间较为仓促，不足之处在所难免，恳请各位同行及广大读者批评指正。同时在编写过程中，参考了大量相关资料，在此对相关作者表示衷心感谢。

目　录

一、桩基操作工基础知识

（一）钢筋混凝土基础知识

1. 钢材

（1）常用的建筑钢材

1）钢结构用钢

钢结构用钢主要有型钢、钢板和钢索等，其中型钢是钢结构中采用的主要钢材。型钢又分热轧型钢和冷弯薄壁型钢，常用热轧型钢主要有工字钢、H型钢、T型钢、槽钢、等边角钢、不等边角钢等。薄壁型钢是用薄钢板经模压或冷弯而制成，其截面形式多样，壁厚一般为1.5～5mm，能充分利用钢材的强度，节约钢材。薄壁轻型钢结构中主要采用薄壁型钢、圆钢和小角钢。

钢板材包括钢板、花纹钢板、建筑用压型钢板和彩色涂层钢板等。钢板规格表示方法为宽度×厚度×长度（单位为mm）。钢板分厚板（厚度＞4mm）和薄板（厚度≤4mm）两种。厚板主要用于结构，薄板主要用于屋面板、楼板和墙板等。在钢结构中，单块钢板一般较少使用，而是用几块板组合成工字形、箱形等结构形式来承受荷载。

2）钢筋混凝土结构用钢

钢筋混凝土结构用钢主要品种有热轧钢筋、预应力混凝土用热处理钢筋、预应力混凝土用钢丝和钢绞线等。热轧钢筋是建筑工程中用量最大的钢材品种之一，主要用于钢筋混凝土结构和预应力钢筋混凝土结构的配筋。目前我国常用的热轧钢筋品种及强度特征值见表 1-1。

常用热轧钢筋的品种及强度特征值　　　表 1-1

表面形状	牌号	常用符号	屈服强度 R_{eL}（MPa）不小于≥	抗拉强度 R_m（MPa）不小于≥
光圆	HPB300	ϕ	300	420
带肋	HRB335	Φ	335	455
	HRBF335	—		
	HRB400	Φ	400	540
	HRBF400	—		
	HRB500 HRBF500	—	500	630

注：热轧带肋钢筋牌号中，HRB 属于普通热轧钢筋，HRBF 属于细晶粒热轧钢筋。

热轧光圆钢筋强度较低，与混凝土的黏结强度也较低，主要用作板的受力钢筋、箍筋以及构造钢筋。热轧带肋钢筋与混凝土之间的握裹力大，共同工作性能较好，是钢筋混凝土采用的主要受力钢筋。

国家标准规定，有较高要求的抗震结构适用的钢筋牌号为在表 1-1 中已有带肋钢筋牌号后加 E（例如：HRB400E、HRBF400E）的钢筋。该类钢筋除应满足以下（1）、（2）、（3）的要求外，其他要求与相对应的已有牌号钢筋相同。

① 钢筋实测抗拉强度与实测屈服强度之比不小于 1.25。

② 钢筋实测屈服强度与规范规定的屈服强度特征值之比不大于 1.30。

③ 钢筋的最大力总伸长率不小于 9%。

（2）建筑钢材的力学性能

钢材的主要性能包括力学性能和工艺性能。其中，力学性能是钢材最重要的使用性能，包括拉伸性能、冲击性能、疲劳性能等。工艺性能表示钢材在各种加工过程中的行为，包括弯曲性能和焊接性能等。

1）拉伸性能

建筑钢材拉伸性能的指标包括屈服强度、抗拉强度和伸长率。屈服强度是结构设计中钢材强度的取值依据。抗拉强度与屈服强度之比（强屈比）是评价钢材使用可靠性的一个参数。强屈比愈大，钢材受力超过屈服点工作时的可靠性越大，安全性越高；但强屈比太大，钢材强度利用率偏低，浪费材料。

钢材在受力破坏前具备永久变形的性能，称为塑性。在工程应用中，钢材的塑性指标通常用伸长率表示。伸长率是钢材发生断裂时所能承受永久变形的能力。伸长率越大，说明钢材的塑性越大。试件拉断后标距长度的增量占原标距长度的百分比即为断后伸长率。对常用的热轧钢筋而言，还有一个最大力总伸长率的指标要求。

2）冲击性能

冲击性能是指钢材抵抗冲击荷载的能力。钢的化学成分及冶炼、加工质量都对冲击性能有显著影响。除此以外，钢的冲击性能受温度的影响较大，冲击性能随温度的下降而减小；当降到一定温度范围时，冲击值急剧下降，从而使钢材出现脆性断裂，这种性质称为钢的冷脆性，这时的温度称为脆性临界温度。脆性临界温度的数值愈低，钢材的低温冲击性能愈好。所以，在负温下使用的结构，应选用脆性临界温度较使用温度更低的钢材。

3）疲劳性能

受交变荷载反复作用时，钢材在应力远低于其屈服强度的情况下，突然发生脆性断裂破坏的现象，称为疲劳破坏。疲劳破坏是在低应力状态下突然发生的，所以危害极大，往往造成灾难性的事故。钢材的疲劳极限与其抗拉强度有关，一般抗拉强度高，其疲劳极限也较高。

2. 混凝土

普通混凝土（以下简称混凝土）一般是由水泥、砂、石和水所组成。为改善混凝土的某些性能，还常加入适量的外加剂和掺合料。

（1）混凝土的技术性能

1）混凝土拌合物的和易性

和易性是指混凝土拌合物易于施工操作（搅拌、运输、浇筑、捣实）并能获得质量均匀、成型密实的性能，又称工作性。和易性是一项综合的技术性质，包括流动性、黏聚性和保水性等三方面的含义。

用坍落度试验来测定混凝土拌合物的坍落度或坍落扩展度，作为流动性指标，坍落度或坍落扩展度愈大表示流动性愈大。对坍落度值小于 10mm 的干硬性混凝土拌合物，则用维勃稠度试验测定其稠度作为流动性指标，稠度值愈大表示流动性愈小。混凝土拌合物的黏聚性和保水性主要通过目测结合经验进行评定。

影响混凝土拌合物和易性的主要因素包括单位体积用水量、砂率、组成材料的性质、时间和温度等。单位体积用水量决定水泥浆的数量和稠度，它是影响混凝土和易性的最主要因素。砂率是指混凝土中砂的质量占砂、石总质量的百分率。组成材料的性质包括水泥的需水量和泌水性、骨料的特性、外加剂和掺合料的特性等几方面。

2）混凝土的强度

① 混凝土立方体抗压强度

按国家标准《普通混凝土力学性能试验方法标准》GB/T 50081—2002，制作边长为 150mm 的立方体试件，在标准条件（温度 20±2℃，相对湿度 95％以上）下，养护到 28d 龄期，测得的抗压强度值为混凝土立方体试件抗压强度，以 f_{cu} 表示，单位为 N/mm² 或 MPa。

② 混凝土立方体抗压标准强度与强度等级

混凝土立方体抗压标准强度（或称立方体抗压强度标准值）是指按标准方法制作和养护的边长为 150mm 的立方体试件，在

28d龄期，用标准试验方法测得的抗压强度总体分布中具有不低于95%保证率的抗压强度值，以 $f_{cu,k}$ 表示。

混凝土强度等级是按混凝土立方体抗压标准强度来划分的，采用符号C与立方体抗压强度标准值（单位为MPa）表示。普通混凝土划分为 C15、C20、C25、C30、C35、C40、C45、C50、C55、C60、C65、C70、C75 和 C80 共14个等级，C30即表示混凝土立方体抗压强度标准值 $30\text{MPa} \leqslant f_{cu,k} < 35\text{MPa}$。混凝土强度等级是混凝土结构设计、施工质量控制和工程验收的重要依据。

③ 混凝土的轴心抗压强度

轴心抗压强度的测定采用 150mm×150mm×300mm 棱柱体作为标准试件。试验表明，在立方体抗压强度 $f_{cu}=10\sim55\text{MPa}$ 的范围内，轴心抗压强度 $f_c=(0.70\sim0.80)f_{cu}$。

结构设计中，混凝土受压构件的计算采用混凝土的轴心抗压强度，更加符合工程实际。

④ 混凝土的抗拉强度

混凝土抗拉强度只有抗压强度的 1/20~1/10，且随着混凝土强度等级的提高，比值有所降低。在结构设计中抗拉强度是确定混凝土抗裂度的重要指标，有时也用它来间接衡量混凝土与钢筋的黏结强度。我国采用立方体的劈裂抗拉试验来测定混凝土的劈裂抗拉强度 f_{ts}，并可换算得到混凝土的轴心抗拉强度 f_t。

⑤ 影响混凝土强度的因素

影响混凝土强度的因素主要有原材料及生产工艺方面的因素。原材料方面的因素包括：水泥强度与水灰比，骨料的种类、质量和数量，外加剂和掺合料；生产工艺方面的因素包括：搅拌与振捣，养护的温度和湿度，龄期。

3）混凝土的耐久性

混凝土的耐久性是指混凝土抵抗环境介质作用并长期保持其良好的使用性能和外观完整性的能力。它是一个综合性概念，包括抗渗、抗冻、抗侵蚀、碳化、碱骨料反应及混凝土中的钢筋锈蚀等性能，这些性能均决定着混凝土经久耐用的程度，故称为耐久性。

① 抗渗性。混凝土的抗渗性直接影响到混凝土的抗冻性和抗侵蚀性。混凝土的抗渗性用抗渗等级表示，分 P4、P6、P8、P10、P12 共 5 个等级。混凝土的抗渗性主要与其密实度及内部孔隙的大小和构造有关。

② 抗冻性。混凝土的抗冻性用抗冻等级表示，分 F10、F15、F25、F50、F100、F150、F200、F250 和 F300 共 9 个等级。抗冻等级 F50 以上的混凝土简称抗冻混凝土。

③ 抗侵蚀性。当混凝土所处环境中含有侵蚀性介质时，要求混凝土具有抗侵蚀能力。侵蚀性介质包括软水、硫酸盐、镁盐、碳酸盐、一般酸、强碱、海水等。

④ 混凝土的碳化（中性化）。混凝土的碳化是环境中的二氧化碳与水泥石中的氢氧化钙作用，生成碳酸钙和水。碳化使混凝土的碱度降低，削弱混凝土对钢筋的保护作用，可能导致钢筋锈蚀；碳化显著增加混凝土的收缩，使混凝土抗压强度增大，但可能产生细微裂缝，而使混凝土抗拉强度、抗折强度降低。

⑤ 碱骨料反应。碱骨料反应是指水泥中的碱性氧化物含量较高时，会与骨料中所含的活性二氧化硅发生化学反应，并在骨料表面生成碱-硅酸凝胶，吸水后会产生较大的体积膨胀，导致混凝土胀裂的现象。

（2）混凝土外加剂、掺合料的种类与应用

1）外加剂的分类

混凝土外加剂种类繁多，功能多样，可按其主要使用功能分为以下四类：

① 改善混凝土拌合物流变性能的外加剂。包括各种减水剂、引气剂和泵送剂等。

② 调节混凝土凝结时间、硬化性能的外加剂。包括缓凝剂、早强剂和速凝剂等。

③ 改善混凝土耐久性的外加剂。包括引气剂、防水剂和阻锈剂等。

④ 改善混凝土其他性能的外加剂。包括膨胀剂、防冻剂、着色剂、防水剂和泵送剂等。

2) 外加剂的应用

目前建筑工程中应用较多和较成熟的外加剂有减水剂、早强剂、缓凝剂、引气剂、膨胀剂、防冻剂等。

① 混凝土中掺入减水剂，若不减少拌合用水量，能显著提高拌合物的流动性；当减水而不减少水泥时，可提高混凝土强度；若减水的同时适当减少水泥用量，则可节约水泥。同时，混凝土的耐久性也能得到显著改善。

② 早强剂可加速混凝土硬化和早期强度发展，缩短养护周期，加快施工进度，提高模板周转率。多用于冬期施工或紧急抢修工程。

③ 缓凝剂主要用于高温季节混凝土、大体积混凝土、泵送与滑模方法施工以及远距离运输的商品混凝土等，不宜用于日最低气温5℃以下施工的混凝土，也不宜用于有早强要求的混凝土和蒸汽养护的混凝土。缓凝剂的水泥品种适应性十分明显，不同品种水泥的缓凝效果不相同，甚至会出现相反的效果。因此，使用前必须进行试验，检测其缓凝效果。

④ 引气剂是在搅拌混凝土过程中能引入大量均匀分布、稳定而封闭的微小气泡的外加剂。引气剂可改善混凝土拌合物的和易性，减少泌水离析，并能提高混凝土的抗渗性和抗冻性。同时，含气量的增加，混凝土弹性模量降低，对提高混凝土的抗裂性有利。由于大量微气泡的存在，混凝土的抗压强度会有所降低。引气剂适用于抗冻、防渗、抗硫酸盐、泌水严重的混凝土等。

3) 混凝土掺合料

在混凝土拌合物制备时，为了节约水泥、改善混凝土性能、调节混凝土强度等级而加入的天然的或者人工的能改善混凝土性能的粉状矿物质，统称为混凝土掺合料。

用于混凝土中的掺合料可分为活性矿物掺合料和非活性矿物掺合料两大类。非活性矿物掺合料一般与水泥组分不起化学作用，或化学作用很小，如磨细石英砂、石灰石、硬矿渣之类材料。活性矿物掺合料虽然本身不水化或水化速度很慢，但能与水泥水化生成的 $Ca(OH)_2$ 反应，生成具有水硬性的胶凝材料。如粒化高炉矿渣，火山灰质材料、粉煤灰、硅灰等。

通常使用的掺合料多为活性矿物掺合料。在掺有减水剂的情况下，能增加新拌混凝土的流动性、黏聚性、保水性、改善混凝土的可泵性。并能提高硬化混凝土的强度和耐久性。常用的混凝土掺合料有粉煤灰、粒化高炉矿渣、火山灰类物质。尤其是粉煤灰、超细粒化电炉矿渣、硅灰等应用效果良好。

（二）土的分类和性质

1. 土的分类

《建筑地基基础设计规范》GB 50007—2011 规定：作为建筑地基的岩土，可分为岩石、碎石土、砂土、粉土、黏性土和人工填土。

岩石的风化程度可分为未风化、微风化、中等风化、强风化和全风化。

碎石土为粒径大于 2mm 的颗粒含量超过全重 50% 的土。碎石土可分为漂石、块石、卵石、碎石、圆砾和角砾。

砂土为粒径大于 2mm 的颗粒含量不超过全重 50%、粒径大于 0.075mm 的颗粒超过全重 50% 的土。砂土可分为砾砂、粗砂、中砂、细砂和粉砂。

黏性土为塑性指数 I_p 大于 10 的土，可分黏土、粉质黏土。

粉土为介于砂土与黏性土之间，塑性指数（I_p）小于或等于 10 且粒径大于 0.075mm 的颗粒含量不超过全重 50% 的土。

人工填土根据其组成和成因，可分为素填土、压实填土、杂填土、冲填土。素填土为由碎石土、砂土、粉土、黏性土等组成的填土。经过压实或夯实的素填土为压实填土。杂填土为含有建筑垃圾、工业废料、生活垃圾等杂物的填土。冲填土为由水力冲填泥沙形成的填土。

2. 土的工程性质

土的性质是确定地基处理方案和制定施工方案的重要依据，对土方工程的稳定性、施工方法、工程量和工程造价都有影响。下面对与施工有关的土的工程性质加以说明。

(1) 土的天然密度

土在天然状态下单位体积的质量，称为土的天然密度，用 ρ 表示，计算公式为

$$\rho = \frac{m}{V}$$

式中 m——土的总质量（kg、g）；

       V——土的体积（m^3、cm^3）。

土的天然密度随着土的颗粒组成、孔隙的多少和水分含量而变化，不同的土，密度不同。密度越大，土越密实，强度越高，压缩变形越小，挖掘就越困难。

(2) 土的天然含水量

土的干湿程度，用含水量 w 表示，即土中所含水的质量与土的固体颗粒质量之比，用百分数表示。

$$w = \frac{m_W}{m_S} \times 100\%$$

式中 m_W——土中水的质量（kg）；

      m_S——土中固体颗粒的质量（kg）。

土的含水量反映土的干湿程度。一般将含水量在 5% 以下称为干土；在 5%~30% 以内称为潮湿土；大于 30% 称为湿土。

含水量越大，土越潮湿，对施工越不利。它对挖土的难易、土方边坡的稳定性、填土的压实等均有影响，所以在制订土方施工方案、选择土方机械和决定地基处理时，均应考虑土的含水量。在一定的压实能量下，使土最容易压实，并能达到最大密实度时的含水量，称为最优含水量，相应的干密度称为最大干密度。

（3）土的干密度

单位体积内土的固体颗粒质量与总体积的比值，称为土的干密度，用 ρ_d 表示，计算公式为

$$\rho_d = \frac{m_s}{V}$$

式中　　m_s——土的固体颗粒总质量（kg、g）；

　　　　V——土的总体积（m^3、cm^3）。

土的干密度越大，表明土越密实，在土方填筑时，常以土的干密度控制土的夯实标准。若已知土的天然密度和含水量，可按下式求干密度

$$\rho_d = \frac{\rho}{1+w}$$

干密度用于检查填土的夯实质量，在工程实践中常用环刀法和烘干法测定后计算土的天然密度、干密度和含水量。

（4）土的可松性

天然土经开挖后，其体积因松散而增加，虽经振动夯实，仍不能完全恢复到原来的体积，这种性质称为土的可松性。

（5）土的密实度

土的密实度是指土被固体颗粒所充实的程度，反映了土的紧密程度。同类土在不同状态下，其紧密程度也不同，密实度越大，土的承载能力越高。填土压实后，必须要达到要求的密实度，现行的《建筑地基基础设计规范》GB 50007—2011 规定以设计规定的土的压实系数 λ_c 作为控制标准。

$$\lambda_c = \frac{\rho_d}{\rho_{dmax}}$$

式中　λ_c——土的压实系数；

　　ρ_d——土的实际干密度；

　　ρ_{dmax}——土的最大干密度。

土的最大干密度用击实试验测定。

(6) 土的渗透性

土体孔隙中的自由水在重力作用下会发生运动，水在土中的运动称为渗透，土的渗透性即指土体被水所透过的性质，也称为土的透水性。地下水在土体内渗流的过程中受到土颗粒的阻力，阻力大小与土的渗透性及地下水渗流路程的长度有关。土的渗透性主要取决于土体的孔隙特征和水力坡度，不同的土渗透性不同。

一般用渗透系数 K 作为土的渗透性强弱的衡量指标，可以通过室内渗透试验或现场抽水试验测定。根据土的渗透系数不同，可将土分为透水性土（如砂土）和不透水性土（如黏土）。土的渗透系数影响施工降水和排水的速度，是计算渗透流量、分析堤坝和基坑开挖边坡出逸点的渗透稳定以及降低地下水时的重要参数。

二、桩的基本知识

（一）桩的概念

桩基础是广义深基础的一种。采用钢筋混凝土、钢管、H型钢等材料作为受力的支承杆件打入土中，称为单桩。许多单桩打入地基中，并达到需要的设计深度，称为群桩。在群桩顶部用钢筋混凝土连成整体，称为承台。由基桩和连接于桩顶的承台共同组成，作为上部结构的桩基础，如图 2-1 所示：采用一根桩（通常为大直径桩）以承受和传递上部结构（通常为柱）荷载的独寸基础称为单桩基础；由二根以上基桩组成的桩基础

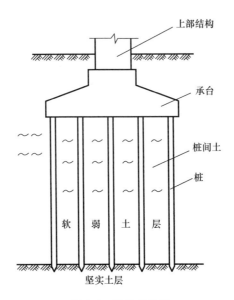

图 2-1　桩基础示意

称为群桩基础。桩基础的作用是将上部结构的荷载，通过较弱地层或水传递到深部较坚硬的、压缩性小的土层或岩层上。

单桩在竖向荷载作用下到达破坏状态前或出现不适于继续承载的变形时所对应的最大荷载称为单桩竖向极限承载力，它取决于土对桩的支承阻力和桩身材料强度，一般由土对桩的支承阻力控制，对于端承桩、超长桩和桩身质量有缺陷的桩，可能由桩身材料强度控制。

群桩基础受竖向荷载后，由于承台、桩、土的相互作用使其桩侧阻力、桩端阻力、沉降等性状发生变化而与单桩明显不同，承载力往往不等于各单桩承载力之和，称其为群桩效应。群桩效应受土性、桩距、桩数、桩的长径比、桩长与承台宽度比、成桩方法等许多因素的影响而变化。

桩基础又分为预制桩基础和灌注桩基础，前者使用的桩都是预先在一定的场地制作成型，采用打桩机械打入土中。这种桩基础的施工质量易于保证，但是打桩时产生的噪声、振动和挤土，将大大影响周围环境，故在使用中受到一定的限制，后者是在单桩的设计位置上，用钻机成孔，然后放入钢筋，再向孔内灌注混凝土。这种钻孔灌注桩基础能够避免产生大的噪声、振动和挤土，且施工场地小，但其质量在软土地层中不易控制，成桩时间相对较长。

桩基础通常用于上部结构荷载较大的建筑物作基础，与其他深基础相比，桩基础的适用范围如下：

（1）地基的上层土质太差而下层的土质较好。

（2）除了有较大的垂直荷载外，还有水平荷载及大偏心荷载。

（3）由于上部结构对基础的不均匀沉降相当敏感。如冷藏库、机场跑道等。

（4）用于有动力荷载及周期性荷载的基础。

（5）地下水位很高，采用其他探基础形式施工时排水有困难的场合。

（6）位于水中的构筑物基础，如桥梁、码头等。

（7）有大面积地面堆载的建筑物。

（8）需要长期保存，具有历史意义的建筑物。

（9）因地基沉降对邻近建筑物产生相互影响时。

（10）地震区，在可液化地基中，采用桩基穿越可液化土层并伸入下部密实稳定土层可消除或减轻液化对建筑物的危害。

当然，也应注意某些不宜采用桩基础的场合：

（1）上层土比下层土坚硬得多，且上层土较厚的情况。

（2）地基自身变形还没有得到稳定的新回填土区域。

（3）大量使用地下水的地区。

（二）桩的分类

1. 按桩的受力分类

（1）摩擦型桩

1）摩擦桩

在极限承载力状态下，桩顶荷载由桩侧阻力承受的桩。桩尖部分承受的荷载很小，一般不超过10%。如打在饱和软黏土地基，在数十米深度内均无坚硬的桩尖持力层。这类桩基的沉降较大。

2）端承摩擦桩

在极限承载力状态下，桩顶荷载主要由桩侧阻力承受，即在外荷载作用下，桩的端阻力和侧壁摩擦力都同时发挥作用。如穿过软弱地层嵌入较坚实的硬黏土的桩。这类桩的侧阻力大于桩尖阻力。

（2）端承型桩

1）端承桩

在极限荷载作用状态下，桩顶荷载由桩端阻力承受的桩。如通过软弱土层桩尖嵌入基岩的桩，外部荷载通过桩身直接传给基岩，桩的承载力由桩的端部提供，不考虑桩侧摩擦力的作用。

2）摩擦端承桩

在极限承载力状态下，桩顶荷载主要由桩端阻力承受的桩。如通过软弱土层桩尖嵌入基岩的桩，由于桩的长细比很大，在外部荷载作用下，桩身被压缩，使桩侧摩阻力部分发挥作用。这类桩的桩侧阻力小于桩尖阻力。

2. 按成桩方法分类

一般分为非挤土桩、部分挤土桩和挤土桩三类，见图 2-2。

（1）非挤土桩

在成桩过程中，将与桩体积相同的土挖出，因而桩周围的土很少受到扰动，但有应力松弛现象。这类桩主要有各种形式的挖孔或钻孔桩、井筒管桩和预钻孔埋桩等，采用干作业法、泥浆护壁法和套管护壁法等施工。

（2）部分挤土桩

在成桩过程中，桩周围的土仅受到轻微扰动，土的原状结构和工程性质没有明显变化。这类桩主要有部分挤土灌注桩、预钻土打入式预制桩和打入式敞口桩。

（3）挤土桩

在成桩过程中，桩周围的土被挤密或挤开，因而使桩周围的土受到严重扰动，土的原始结构遭到破坏，土的工程性质发生很大变化。这类桩主要有挤土灌注桩、预钻孔打入式预制桩和打入式敞口桩等。

3. 按桩身材料分类

根据桩身材料，分为混凝土桩、钢桩和组合材料桩等。

（1）混凝土桩

混凝土桩是目前应用最广泛的桩，具有制作方便、桩身强度高、耐腐蚀性能好、价格较低等优点。它又可分为预制混凝土桩和灌注混凝土桩两大类。

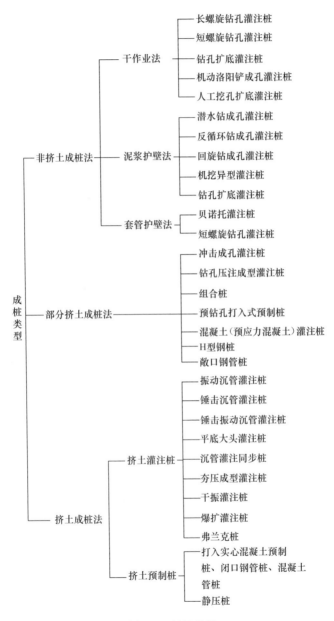

图 2-2　桩的分类

1）预制混凝土桩

预制混凝土桩多为钢筋混凝土桩，断面尺寸一般为 400mm×400mm 或 500mm×500mm，单节长十余米。若桩基要求用长桩时，可将单节桩连接成所需桩长。为减少钢筋用量和桩身裂缝，也有用预应力钢筋混凝土桩，其断面为圆形，外径为 400mm 和 500mm 两种，标准节长为 8m 和 10m，法兰盘接头。

2）灌注混凝土桩

灌注混凝土桩是用桩机设备在施工现场就地成孔，在孔内放置钢筋笼，其深度和直径可根据受力的需要，根据设计确定。

（2）钢桩

由钢板和型钢组成，常见的有各种规格的钢管桩、工字钢和 H 型钢桩等。由于钢桩桩身材料强度高，所以搬运和堆放方便且不易损坏，截桩容易，且桩身表面积大而截面积小，在沉桩时穿透能力强而挤土影响小，在饱和软黏土地区为减少对邻近建筑物的影响，多采用此类钢桩。工字钢和 H 型钢也可用作为承桩。钢管桩由各种直径和壁厚的无缝钢管制成。

（3）组合材料桩

组合材料桩是指一根桩由两种以上材料组成的桩。较早采用的水下桩基，就是在泥面以下用木桩而水中部分用混凝土桩。

4. 按桩的使用功能分类

桩在基础工程中，可能主要承受轴向垂直荷载、拉拔荷载、横向水平荷载、竖向及水平均较大的荷载。因此，按使用功能可分为竖向抗压桩、竖向抗拔桩、水平受荷桩和复合受荷桩。

（1）竖向抗压桩

竖向抗压桩，简称抗压桩。一般工业与民用建筑物的桩基，在正常工作条件下（不考虑地震作用），主要承受上部结构的垂直荷载。根据桩的荷载传递机理，抗压桩又分为摩擦型桩和端承型桩。

（2）竖向抗拔桩

竖向抗拔桩，简称抗拔桩。主要抵抗作用在桩上的拉拔荷载，如板桩墙后的锚桩。拉拔荷载主要靠桩侧摩阻力承受。

（3）水平受荷桩

水平受荷桩是指主要承受水平荷载的桩，如在基坑开挖前打入土体中的支护桩、港口码头工程用的板桩等。桩身要承受弯矩力，其整体稳定则靠桩侧土的被动土压力或水平支撑和拉锚来平衡。

（4）复合受荷桩

复合受荷桩是指承受竖向和水平向荷载均较大的桩，如高耸塔形建筑物的桩基，既要承受上部结构传来的垂直荷载，又要承受水平方向的风荷载。

5. 按桩的截面形状分类

（1）实腹型桩

实腹型桩有三角形、正方形、六角形、八角形和圆形等。这类桩多由钢筋混凝土制成，具有桩身整体刚度大、重量大等特点，沉桩时挤土较严重。

（2）空腹型桩

空腹型桩有空心三角形、空心正方形、圆环形（管形）、工字形和 H 形等。这类桩有较大的截面积，重量轻，节省材料，且具有必需的刚度。尤其是环形（管形）、工字形和 H 形的钢桩，截面面积小，又呈空腹形，沉桩时挤土影响小。因此，在饱和软黏土地区，在建筑物密集的情况下，采用此类桩可减少对邻近既有建筑物的影响。

6. 按桩身设计直径的大小分类

（1）小直径桩，$d \leqslant 250$mm；

（2）中等直径桩，250mm$< d < 800$mm；

（3）大直径桩，$d \geqslant 800$mm。

（三）桩的布置

桩的布置需符合下列要求：

（1）桩的最小中心距应符合表 2-1 中的规定。对于大面积桩群，尤其是挤土桩，桩的最小中心距宜按表列值适当加大。

桩的最小中心距　　　　　　　　表 2-1

土类与成桩工艺		排数不少于 3 排且桩数不少于 9 根的摩擦型桩基	其他情况
非挤土和部分挤土灌注桩		3.0d	2.5d
挤土灌注桩	穿越非饱和土	3.5d	3.0d
	穿越饱和软土	4.0d	3.5d
挤土预制桩		3.5d	3.0d
打入式敞口管庄和 H 型钢桩		3.5d	3.0d

注：d——圆柱直径或方桩边长。

扩底灌注桩除应符合表 2-1 的要求外，尚应满足表 2-2 的规定。

灌注桩扩底端最小中心距　　　　　表 2-2

成桩方法	最小中心距
钻、挖孔灌注桩	1.5D 或 +1m（当 D>2m）
沉管夯扩灌注桩	2.0D

注：D——扩大端设计直径。

（2）排列基桩时，宜使桩群承载力点与长期荷载重心重合，并使桩基在水平力和力矩较大方向上有较大的截面模量。

（3）对于桩箱基础，宜将桩布置于墙下；对于带梁（肋）桩筏基础，宜将桩布置于梁（肋）下；对于大直径桩宜采用一柱一桩。

（4）同一结构单元宜避免采用不同类型的桩。

（5）一般应选择较硬土层作为桩端持力层。桩端全断面进入持力层的深度，对于黏性土、粉土不宜小于 $2d$，砂土不宜小于 $1.5d$，碎石类土不宜小于 $1d$。当存在软弱下卧层时，桩基以下硬持力层厚度不宜小于 $4d$。

当硬持力层较厚且施工条件许可时，桩端全断面进入持力层的深度宜达到桩端阻力的临界深度。

三、预制桩施工

（一）混凝土预制桩

钢筋混凝土桩是目前工程上应用最广的一种桩。钢筋混凝土预制桩有实心桩和管桩两种。为便于制作，实心桩截面大多为正方形，断面尺寸一般为 200mm×200 mm～500mm×500mm。单根桩的最大长度或多节桩的单节长度，应根据桩架高度、制作场地、道路运输和装卸能力而定，一般桩长不得大于桩断面的边长或外直径的 50 倍，通常在 27m 以内。如需打设 30m 以上的桩，则将桩分段预制，在打桩过程中逐段接长。混凝土管桩为空心桩，一般在预制厂用离心法生产。桩径有 $\phi300$、$\phi400$、$\phi550$mm 等，每节长度 2～12m 不等。管桩的混凝土强度较高，可达 C30～C40 级，管壁内设 $\phi16$～22mm 的主筋 10～20 根，外面绕以 $\phi6$mm 螺旋箍筋。混凝土管桩各节段之间的连接可以用角钢焊接或法兰螺栓连接。由于用离心法成型，混凝土中多余的水分由于离心力而甩出，故混凝土致密，强度高，抵抗地下水和腐蚀的性能好。

钢筋混凝土预制桩施工包括：制作、起吊、运输、堆放、打桩、接桩、截桩等过程。

1. 钢筋混凝土预制桩的制作、起吊、运输和堆放

预制桩可在工厂或施工现场预制。一般较短的桩多在预制厂生产，而较长的桩则在现场附近或打桩现场就地预制。现场制作预制桩可采用重叠法，其制作程序为：现场布置→场地地基处理、整平→场地地坪浇筑混凝土→支模→绑扎钢筋、安设吊环→浇筑混凝土→养护至 30％强度拆模→支间隔端头模板、

刷隔离剂、绑钢筋→浇筑间隔桩混凝土→同法间隔重叠制作第二层桩→养护至70%强度起吊→达100%强度后运输、打桩。

预制场地应平整、坚实，做好排水设施，防止雨后场地浸水沉陷，以确保桩身平直。现场预制多采用工具式木模板或钢模板，模板应平整、尺寸准确。可用重叠法间隔制作，重叠层数应根据地面允许荷载和施工条件确定，但一般不宜超过四层。桩与桩间应做好隔离层（可用塑料布，涂刷废机油、滑石粉等）。上层桩或邻桩的浇筑，应在下层桩或邻桩混凝土达到设计强度的30%以后，方可进行。

桩的钢筋骨架，可采用点焊或绑扎。骨架主筋则宜用对焊或搭接焊，主筋的接头位置应相互错开。桩尖一般用粗钢筋或钢板制作，在绑扎钢筋骨架时将其焊好。桩身混凝土强度等级不应低于C30，宜用机械搅拌，机械振捣，浇筑时应由桩顶向桩尖连续浇筑捣实，一次完成，严禁中断，以提高桩的抗冲击能力。浇筑完毕应覆盖洒水养护不少于7d，如用蒸汽养护，在蒸养后，还应适当自然养护，达到桩的设计强度方可使用。混凝土的粗骨料应用碎石或开口卵石，粒径宜为5～40mm。预制桩的制作质量应符合规范规定。

桩制作的质量还应符合下列要求：

桩的表面应平整、密实，掉角的深度不应超过10mm，且局部蜂窝和掉角的缺损总面积不得超过该桩表面全部面积的0.5%，并且不得过分集中。

混凝土收缩产生的裂缝深度不得大于20mm，宽度不得大于0.25mm；横向裂缝长度不得超过边长的一半（圆桩或多角形桩不得超过直径或对角线的1/2）。

桩顶和桩尖处不得有蜂窝、麻面、裂缝和掉角。

混凝土预制桩达到设计强度标准值的70%后，方可起吊，达到设计强度标准值的100%后方可进行运输（混凝土管桩应达到设计强度100%后方可运到现场打桩）。如提前吊运，必须验算合格。桩在起吊和搬运时，吊点应符合设计规定，如无吊环，设计又未作规定时，应符合起吊点弯矩最小的原则，可按图 3-1所示位置，设置吊点起吊。吊索与桩之间应加衬垫，以免损坏棱角。起吊时应平稳提升，吊点同时离地，并采取措施保护桩身质量，防止撞击和受振动。如要长距离运输，可采用平板拖车或轻轨平板车。长桩搬运时，桩下要设置活动支座，运输时应做到平稳并不得损坏。经过搬运的桩，应进行质量复查。

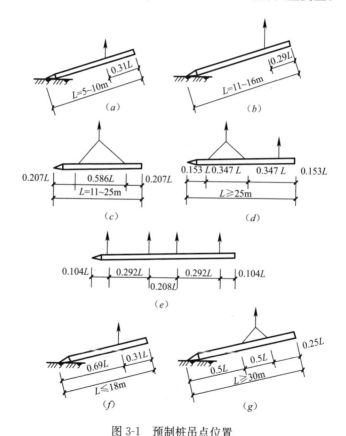

图 3-1　预制桩吊点位置

(a)、(b) 一点吊法；(c) 二点吊法；(d) 三点吊法；(e) 四点吊法；
(f) 预应力管桩一点吊法；(g) 预应力管桩两点吊法

预制桩堆放场地应平整、坚实，不得产生不均匀沉陷。垫木与吊点的位置应相同，并保持在同一平面上，各层垫木应上下对齐，最下层垫木应适当加宽，以减少堆桩场地的地基应力，堆放层数不宜超过 4 层。底层管桩边缘应用楔形木块塞紧，以防滚动，堆放层数不超过三层。不同规格的桩，应分别堆放。

2. 钢筋混凝土预制桩的沉桩

钢筋混凝土预制桩的沉桩方法有锤击沉桩法、静力压桩法、振动沉桩法和水冲沉桩法等。

（1）锤击沉桩法

锤击沉桩法也称打入桩，是利用桩锤下落产生的冲击克服土对桩的阻力，使桩沉到预定深度或达到持力层。锤击沉桩是预制桩最常用的沉桩方法。该法施工速度快，机械化程度高，适用范围广，但施工时有振动、挤土和噪声污染现象，不宜在市区和夜间施工。

1）打桩设备及选用

打桩所用的机具设备，主要包括桩锤、桩架及动力装置三部分。

桩锤——对桩施加冲击力，将桩打入土中的主要机具。

桩架——支持桩身和桩锤，将桩吊到打桩位置，并在打桩过程中引导桩的方向，保证桩沿着所要求方向冲击的打桩设备。

动力装置——包括吊装机就位和起动桩锤用的动力设施，如卷扬机、锅炉、空气压缩机等，取决于所选的桩锤。

① 桩锤的选择　桩锤有落锤、蒸汽锤、柴油锤和液压锤等。

落锤：是由一般生铁铸成。利用卷扬机提升，以脱钩装置或松开卷扬机刹车使其坠落到桩头上，逐渐将桩打入土中。落锤重量为 0.5～1t，构造简单，使用方便，能随意调整其落锤高度，故障少。适用于普通黏性土和含砾石较多的土层中打桩。但锤击速度慢（每分钟约 6～12 次），贯入能力低，效率不高。提高落锤的落距，可以增加冲击能，但落距太高对桩的损伤较大，故落距一般以 1～2m 为宜。只在使用其他类型的桩锤不经济或在小型工程中才被使用。

蒸汽锤：按其工作原理可分单动汽锤和双动汽锤两种，这两种汽锤都须配一套锅炉设备。单动汽锤利用蒸汽（或压缩空气）的压力作用于活塞的上部，将桩锤（汽缸）提升到一定高度后，通过排气阀释放蒸汽，则汽缸（桩锤）靠自重下落打桩。单动汽锤落距小，冲击力较大，打桩速度较落锤快，型号不同，每分钟锤击不等，最高可达 90 次，锤重 1.5～15t，适用于各种桩在各类土层中施工。双动汽锤的锤体上升原理与单动汽锤相同，但与此同时，又在活塞上面的汽缸中通入高压蒸汽，因此锤芯在自重和蒸汽压力下向下击桩，所以双动汽锤相对落锤法施工的冲击力更大，频率更快（每分钟达 105～135 次）。锤重为 0.6～6t，适用于一般的打桩工程，并能用于打钢板桩、水下桩、斜桩和拔桩。

柴油锤：其工作原理是当冲击部分（汽缸或活塞）落下时，压缩汽缸里的空气，柴油以雾状射入汽缸，由于冲击作用点燃柴油，引起爆炸，给在锤击作用下已向下移动的桩施以附加的冲力，同时推动冲击部分向上运动。如此反复循环运动，把桩打入土中。柴油锤分为导杆式、活塞式和管式三类。锤重 0.6～6.0t，每分钟锤击 45～70 次。它具有工效高、设备轻便、移动灵活、打桩迅速等优点。柴油锤本身附有机架，不需附属其他动力设备，也不必从外部供给能源，目前应用广泛，可用于打大型混凝土桩和钢管桩等。但施工噪声大，排出的废气会污染环境。

液压锤：液压锤是由一外壳封闭起来的冲击体组成，利用液压油来提升和降落冲击缸体。冲击缸体下部充满氮气，当冲击缸体下落时，首先是冲击头对桩施加压力，其次是通过可压缩的氮气对桩施加压力，使冲击缸体对桩施加压力的过程延长，因此每一击能获得更大的贯入度。液压锤是一种新型的低噪声、无油烟、低能耗、冲击频率高，并适合水下打桩的打桩锤，是理想的冲击式打桩设备，但构造复杂，造价高，国内尚未生产。

　　总之，桩锤的类型应根据施工现场情况、机具设备条件及工作方式和工作效率等条件来选择。桩锤类型选定之后，还要确定桩锤的重量，宜选择重锤低击。桩锤过重，所需动力设备也大，不经济；桩锤过轻，必将加大落距，锤击动能很大部分被桩身吸收，桩不易打入，且桩头容易被打坏，保护层可能振掉。轻锤高击所产生的应力，还会促使距桩顶 1/3 桩长范围内的薄弱处产生水平裂缝，甚至使桩身断裂。因此，选择稍重的锤，用重锤低击和重锤快击的方法效果较好。一般可根据地质条件、桩型、桩的密集程度、单桩竖向承载力及现有施工条件等决定。桩锤与桩重的比例关系，一般是根据土质的沉桩难易程度来确定，可参照表 3-1 选用。

桩锤与桩重比值表（桩锤/桩重）　　　　表 3-1

锤类别＼桩类别	木桩	钢筋混凝土	钢板桩
单动气锤	2.0～3.0	0.45～1.4	0.7～2.0
双动气锤	1.5～2.5	0.6～1.8	1.5～2.5
落锤	2.0～4.0	0.35～1.5	1.0～2.0
柴油锤	2.5～3.5	1.0～1.5	2.0～2.5

注：1. 锤重系指锤体总重，桩重包括桩帽重量。
　　2. 桩的长度一般不超过 20m。
　　3. 土质较松软时可采用下限值，较坚硬时采用上限值。

　　② 桩架的选择

　　选择桩架时，应考虑桩锤的类型、桩的长度和施工条件等因素。桩架的高度由桩的长度、桩锤高度、桩帽厚度及所用滑轮组的高度来决定。此外，还应留 1～2m 的高度做为桩锤的伸缩余地。即桩架高度＝桩长＋桩锤高度＋桩帽高度＋滑轮组高度＋(1～2)m 的起锤移位高度。

　　常用的桩架形式有下列几种：

　　滚动式桩架：行走靠两根钢滚筒在垫木上滚动，优点是结构比较简单，制作容易，成本低，但在平面转弯、调头方面不够灵活，操作人员较多。适用于预制桩和灌注桩施工。

多功能桩架：多功能桩架由导架、斜撑、回转工作台、底盘及传动机构组成。其机动性和适应性很大，在水平方向可作360°旋转，导架可以伸缩和前后倾斜，底座下装有铁轮，底盘可在轨道上行走。这种桩架可适用于各种预制桩和灌注桩施工。缺点是机构较庞大，现场组装和拆迁比较麻烦。

履带式桩架：以履带起重机为底盘，增加导杆和斜撑组成，用以打桩。移动方便，比多功能桩架更灵活，可适用于各种预制桩和灌注桩施工，目前应用最多。

2）打桩前的准备工作

打桩前应做好下列工作：清除障碍物、平整施工场地、进行打桩试验、抄平放线、定桩位、确定打桩顺序等。

打桩施工前应认真清除现场妨碍施工的高空、地上和地下的障碍物。在建筑物基线以外 4～6m 范围内的整个区域或桩机进出场地及移动路线上，应作适当平整压实（地面坡度不大于10％），并保证场地排水良好。施工前应作数量不少于 2 根桩的打桩工艺试验，用以了解桩的沉入时间、最终沉入度、持力层的强度、桩的承载力以及施工过程中可能出现的各种问题和异常情况等，以便检验所选的打桩设备和施工工艺，确定是否符合设计要求。在打桩现场或附近区域不受打桩影响的地点，应设置数量不少于两个的水准点，以作抄平场地标高和检查桩的入土深度之用。根据建筑物的轴线控制桩，按设计图纸要求定出桩基础轴线和每个桩位。

定桩位的方法是在地面上用小木桩或撒白灰点标出桩位，或用设置龙门板拉线法定出桩位。其中龙门板拉线法可避免因沉桩挤动土层而使小木桩移动，故能保证定位准确。同时也可作为在正式打桩前，对桩的轴线和桩位复核之用。

打桩顺序是否合理，直接影响打桩工程的速度和桩基质量。当桩的中心距小于 4 倍桩径时，打桩顺序尤为重要。由于打桩对土体的挤密作用，使先打的桩因受水平推挤而造成偏移和变位，或被垂直挤拔造成浮桩，而后打入的桩因土体挤密，难以达到设计标高或入土深度，造成土体隆起和挤压，截桩过大。所以，群桩施打时，为了保证打桩工程质量，防止周围建筑物受土体挤压的影响，打桩前应根据桩的密集程度、桩的规格、长短和桩架移动方便程度来正确选择打桩顺序，如图 3-2 所示。

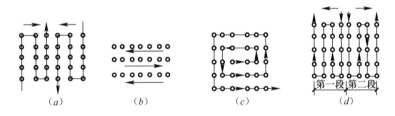

图 3-2　打桩顺序
(a) 从两侧向中间打设；(b) 逐排打设；
(c) 自中央向四周打设；(d) 自中央向两侧打设

当桩较密集时（桩中心距小于或等于四倍桩边长或桩径），应由中间向两侧对称施打或由中间向四周施打。这样，打桩时土体由中间向两侧或向四周均匀挤压，易于保证施工质量。当桩数较多时，也可采用分区分段施打。

当桩较稀疏时（桩中心距大于四倍桩边长或桩径），可采用上述两种打桩顺序，也可采用由一侧向单一方向施打的方式（即逐排打设）或由两侧同时向中间施打。逐排打设，桩架单方向移动，打桩效率高。但打桩前进方向一侧不宜有防侧移、防振动的建筑物、构筑物、地下管线等，以防被土体挤压破坏。

施打时还应根据基础的设计标高和桩的规格、埋深、长度不同，宜采取先深后浅，先大后小，先长后短的施工顺序。当一侧毗邻建筑物时，由毗邻建筑物处向另一方向施打。当桩头高出地面时，桩机宜采用往后退打，否则可采用往前顶打。

3）打桩方法

按既定的打桩顺序，先将桩架移动至桩位处并用缆风绳拉牢，然后将桩运至桩架下，利用桩架上的滑轮组，由卷扬机提升桩。当桩提升至直立状态后，即可将桩送入桩架的龙门导杆内，对准桩位中心，缓缓放下插入土中。桩插入时垂直度偏差不得超过 0.5%。并与桩架导杆相连接，以保证打桩过程中不发生倾斜或移动。桩就位后，在桩顶放上弹性垫层如草袋、废麻袋等，放下桩帽套入桩顶，桩帽上再放上垫木，降下桩锤轻轻压住桩帽。桩锤底面、桩帽上下面和桩顶都应保持水平，桩锤、桩帽和桩身中心线应在同一垂直线上，尽量避免偏心。在锤的重力作用下，桩向土中沉入一定深度而达到稳定。这时再校正一次桩的垂直度，即可进行打桩。

打桩时宜用"重锤低击"、"低提重打"，可取得良好效果。开始打桩时，地层软、沉降量较大，锤的落距宜较低，一般为 0.6～0.8m，使桩能正常沉入土中。待桩入土一定深度（约 1～2m），桩尖不易产生偏移时，可适当增大落距，逐渐提高到规定的数值，并控制锤击用力连续锤击。

桩的入土深度的控制，对于承受轴向荷载的摩擦桩，以标高为主，贯入度作为参考；端承桩则以贯入度为主，以标高作为参考。

施工时，贯入度的记录，对于落锤、单动汽锤和柴油锤取最后 10 击的入土深度；对于双动汽锤，则取最后一分钟内桩的入土深度。

打桩最后阶段，沉降太小时，要避免硬打，如难沉下，要检查桩垫、桩帽是否适宜，需要时可更换或补充软垫。

4）测量和记录

为了确保工程质量，分析和处理打桩过程中出现的质量事故，并为工程质量验收提供重要依据，必须在打桩过程中，对每根桩的施打进行下列测量并做好详细记录。

如用落锤、单动汽锤或柴油锤打桩，在开始打桩时，即需记录桩身每沉落 1m 所需的锤击数和桩锤落距的平均高度。当桩下沉接近设计标高时，则应在规定落距下，测量其每一阵（10

击）后的贯入度，当其数值达到或小于设计承载力所要求的最后贯入度，打桩即告停止。如用双动汽锤，从开始就应记录桩身每下沉1m所需要的工作时间（每分钟锤击次数记入备注栏内），以观察其沉入速度。当桩下沉接近设计标高时，则应测量桩每分钟的下沉值，以保证桩的设计承载力。

打桩时要注意测量桩顶水平标高。特别对承受轴向荷载的摩擦桩，可用水准仪测量控制。在桩架导杆的底部上每1～2cm画好准线，注明数字。桩锤上则画一白线，打桩时，根据桩顶水平标高，定出桩锤应停止锤击的水平面数字，当锤上白线达到此数字位置时即应停止锤击。这样就能使桩顶水平标高符合设计规定。

5）打桩注意事项

打桩时除应测量必要的数据并记录外，还应注意打桩入土的速度应均匀，锤击间歇的时间不要过长。在打桩过程中应经常检查打桩架的垂直度，如偏差超过1%，则需及时纠正，以免打斜。打桩时应观察桩锤回弹情况，如经常回弹较大，则说明锤太轻，不能使桩下沉，应及时更换。随时注意贯入度变化情况，当贯入度骤减，桩锤有较大回弹时，表示桩尖遇到障碍，此时应减小桩锤落距，加快锤击。如上述情况仍存在，则应停止锤击，查明原因进行处理。在打桩过程中，如突然出现桩锤回弹、贯入度突增、锤击时桩弯曲、倾斜、颤动、桩顶破坏加剧等情况，则表明桩身可能已经破坏。

6）质量控制

打桩的质量标准包括：打入的位置偏差是否在允许范围之内，最后贯入度与沉桩标高是否满足设计要求，桩顶、桩身是否打坏以及对周围环境有无造成严重危害。

为保证打桩质量，应遵循如下停打原则：桩端（指桩的全断面）位于一般土层时，以控制桩端设计标高为主，最后贯入度可作参考；桩端达到坚硬、硬塑的黏土、中密以上的粉土、碎石类土、砂土、风化岩时，以最后贯入度控制为主，桩端标高可作参考；最后贯入度已达到而桩端标高未达到时，应继续锤击3阵，按每阵10击的平均贯入度不大于设计规定的数值加以确认；桩尖位于其他软土层时，以桩尖设计标高控制为主，最后贯入度可作参考；打桩时，如控制指标已符合要求，而其他指标与要求相差很远时，应会同有关单位研究处理。最后贯入度应通过试桩确定，或做打桩试验与有关单位协商确定。

（2）静力压桩法

静力压桩法是在软土地基上，利用静力压桩机或液压压桩机用无振动、无噪声的静压力（自重和配重）将预制桩压入土中的一种沉桩工艺。在我国沿海软土地基上已较为广泛地采用。与锤击沉桩相比，它具有施工无噪声、无振动、节约材料、降低成本、提高施工质量、沉桩速度快等特点。特别适宜于扩建工程和城市内桩基工程施工。其工作原理是通过安置在压桩机上的卷扬机的牵引，由钢丝绳、滑轮及压梁，将整个桩机的自重力（800～1500kN），反压在桩顶上，以克服桩身下沉时与土的摩擦力，迫使预制桩下沉。

1）压桩机械设备

压桩机有两种类型，一种是机械静力压桩机。它由压桩架（桩架与底盘）、传动设备（卷扬机、滑轮组、钢丝绳）、平衡设备（铁块）、量测装置（测力计、油压表）及辅助设备（起重设备、送桩）等组成。施加静压力约为600～1200 kN，设备高大笨重，行走移动不便，压桩速度较慢，但装配费用较低。另一种是液压静力压桩机。它由液压吊装机构、液压夹持、压桩机构（千斤顶）、行走及回转机构、液压及配电系统、配重铁等部分组成。采用液压操作，自动化程度高，结构紧凑，行走方便快速，施压部分不在桩顶面，而在桩身侧面，是当前国内采用较广泛的一种新压桩机械。

2）压桩工艺方法

静力压桩的施工，一般都采取分段压入，逐段接长的方法。施工程序为：测量定位→压桩机就位→吊桩插桩→桩身对中调直→静压沉桩→接桩→再静压沉桩→终止压桩→切割桩头。静力压桩施工前的准备工作，桩的制作、起吊、运输、堆放、施工流水、测量放线、定位等均同锤击沉桩法。

压桩时，用起重机将预制桩吊运或用汽车运至桩机附近，再利用桩机自身设置的起重机将其吊入夹持器中，夹持油缸将桩从侧面夹紧，即可开动压桩油缸，先将桩压入土中 1m 左右后停止，矫正桩在互相垂直的两个方向的垂直度后，压桩油缸继续伸程动作，把桩压入土层中。伸长完后，夹持油缸回程松夹，压桩油缸回程，重复上述动作，可实现连续压桩操作，直至把桩压入预定深度土层中。

3）压桩施工注意事项

压同一根（节）桩时应连续进行，应缩短停歇时间和接桩时间，以防桩周与土固结，压桩力骤增，造成压桩困难或桩机被抬起。

在压桩过程中要认真记录桩入土深度和压力表读数的关系，以判断桩的质量及承载力。当压力表读数突然上升或下降时，要停机对照地质资料进行分析，判断是否遇到障碍物或产生断桩现象等。

当压力表数值达到预先规定值，便可停止压桩。压桩的终止条件控制很重要。一般对纯摩擦桩，终压时按设计桩长进行控制。对端承摩擦桩或摩擦端承桩，按终压力值进行控制。长度大于 21m 的端承摩擦型静压桩，终压力值一般取桩的设计承载力；对长 14～21m 的静压桩，终压力按设计承载力的 1.1～1.4 倍取值；对长度小于 14m 的桩，终压力按设计承载力的 1.4～1.6 倍取值。

静力压桩单桩竖向承载力，可通过桩的终止压力值大致判断。如判断的终止压力值不能满足设计要求，应立即采取送桩加深处理或补桩，以保证桩基的施工质量。

(3) 振动沉桩法

振动沉桩与锤击沉桩的施工方法基本相同，其不同之处是用振动桩机代替锤打桩机施工。其施工原理是借助固定于桩头上的振动沉桩机所产生的振动力，以减小桩与土壤颗粒之间的摩擦力，使桩在自重与机械力的作用下沉入土中。

振动沉桩机主要由桩架、振动桩锤、卷扬机和加压装置等组成。振动桩锤是一个箱体，内有左右对称两块偏心振动块，其旋转速度相等，方向相反。工作时，两块偏心块旋转的离心力的水平分力相互抵消，垂直分力则相叠加，形成垂直方向（向上或向下）的振动力。由于桩与振动机是刚性连接在一起，故桩也随着振动力沿垂直方向上下振动而下沉。

振动沉桩法主要适用于砂石、黄土、软土和亚黏土，在含水砂层中的效果更为显著，该法不但能将桩沉入土中，还能利用振动将桩拔出，经验证明此法对 H 型钢桩和钢板桩拔出效果良好。在砂土中沉桩效率较高，对黏土地区效率较差，需用功率大的振动器。

（4）水冲沉桩

水冲沉桩法是在待沉桩身两对称旁侧，插入两根用卡具与桩身连接的平行射水管，管下端设喷嘴。沉桩时利用高压水，通过射水管喷嘴射水，冲刷桩尖下的土壤，使土松散，减少桩身下沉的阻力。同时射入的水流大部分又沿桩身涌出地面，因而减少了土壤与桩身间的摩擦力，使桩在自重或加重的作用下沉入土中。射水停止后，冲松的土壤沉落，又可将桩身压紧。

此法适用于砂土、砾石或其他较坚硬土层，特别对于打设较重的混凝土桩更为有效。施工时应使射水管的末端经常处于桩尖以下 0.3～0.4m 处。一般水冲沉桩与锤击沉桩或振动沉桩结合使用效果更为显著。其施工方法是：当桩尖水冲沉落至距设计标高 1～2m 时，停止冲水，改用锤击或振动将桩沉到设计标高。以免冲松桩尖的土壤，影响桩的承载力。但水冲沉桩法施工时，对周围原有建筑物的基础和地下设施等易产生沉陷，故不适于在密集的城市建筑物区域内施工。

3. 钢筋混凝土预制桩的接桩

预制桩施工中，由于受到场地、运输及桩机设备等的限制，一般先将长桩分节预制后，再在沉桩过程中接长。目前预制桩的接桩工艺主要有硫黄胶泥浆锚法接桩、焊接法接桩和法兰螺栓接桩法等三种。前一种适用于软弱土层，后两种适用于各类土层。

（1）焊接法接桩

焊接法接桩的节点构造如图 3-3 所示。在每节桩的端部预埋角钢或钢板，接桩时上下节桩身必须对准相接触，并调整垂直无误后，用点焊（即将角钢固定住即可，亦称定位焊）将拼接角钢连接固定，再次检查位置正确后，即可进行正式焊接，使其连成整体。施焊时，应由两人同时对角对称地进行焊接，以防止节点电焊后收缩变形不均匀而引起桩身歪斜，焊缝要连续饱满。

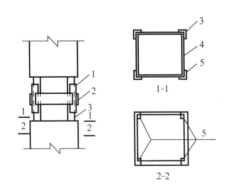

图 3-3　焊接法接桩节点构造示例

1—连接角钢；2—拼接板；3—与主筋焊接的角钢；

4—钢筋与角钢 3 焊牢；5—主筋

（2）浆锚法接桩

浆锚法接桩的节点构造如图 3-4 所示。接桩时，首先将上节桩对准下节桩，使四根锚筋插入锚筋孔（孔径为锚筋直径的 2.5

倍），下落上节桩身，使其结合紧密。然后将桩上提约200mm（以四根锚筋不脱离锚筋孔为度），此时，安设好施工夹箍（由四块木板，内侧用人造革包裹40mm厚的树脂海绵块而成），将熔化的硫黄胶泥注满锚筋孔和接头平面，然后将上节桩下落压上（不加压力），当硫黄胶泥冷却，停歇一定时间并拆除施工夹箍后，即可继续加压施工。

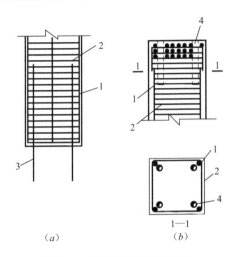

图3-4　浆锚法接桩节点构造

（a）上节桩；（b）下节桩

1—主筋；2—钢箍；3—锚筋；4—锚筋孔

硫黄胶泥是一种热塑冷硬性胶结材料，加温至90℃以上开始熔化，低于此温度即凝结，胶泥浇筑时温度约为145～155℃。它是由胶结料、细骨料、填充料和增韧剂熔融搅拌混合而成。其质量配合比（％）为：

硫黄：水泥：粉砂：聚硫780胶＝44：11：44：1或硫黄：石英砂：石墨粉：聚硫甲胶＝60：34.3：5：0.7

其中聚硫780胶及聚硫甲胶为增韧剂，可以改善胶泥的韧性，并可显著提高其强度。硫黄胶泥的抗压强度可达40MPa；抗拉强度为4MPa；抗折强度为10MPa；与螺纹钢筋黏结强度为 11MPa。力学性能较好，是较理想的接桩材料。

采用硫黄胶泥浆锚法接桩，为保证接桩质量，应注意：锚筋应事先清刷干净并调直；应预先检查锚筋长度和孔深是否相配，锚筋位置是否正确；锚筋孔内应有完好螺纹，无积水、杂物和油污；接桩时节点的平面和锚筋孔内均应灌满胶泥；灌注时间不得超过 2min；灌注后需停歇的时间应符合表 3-2 的规定；硫黄胶泥试块每班不得少于 1 组。

硫黄胶泥灌注后需停歇的时间　　　　表 3-2

桩截面 (mm²)	不同气温下的停歇时间（min）									
	0～10℃		11～20℃		21～30℃		31～40℃		41～50℃	
	打桩	压桩	打桩	压桩	打桩	压桩	打桩	压桩	打桩	压桩
400×400	6	4	8	5	10	7	13	9	17	12
450×450	10	6	12	7	14	9	17	11	21	14
500×500	13	—	15	—	18	—	21	—	24	—

浆锚法接桩，可节约钢材，操作简便，接桩时间比焊接法要大为缩短，并有利于保证施工的顺利进行。因为接桩工作应尽快完成，如间隔时间过长，会造成土壤固结、使沉桩困难。

（3）法兰法接桩

法兰法接桩的节点构造如图 3-5 所示。它用法兰盘和螺栓连接，其接桩速度快，但耗钢量大，多用于混凝土管桩。

（二）先张法预应力离心管桩

先张法预应力混凝土离心管桩采用先张法预应力工艺和离心成形法，制成

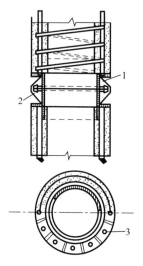

图 3-5　管桩螺栓接头

1—法兰盘；2—螺栓；

3—螺栓孔

一种离心圆筒体混凝土预制构件。

1. 先张法预应力离心管桩的制作与规格

（1）先张法预应力离心管桩的制作

先张法预应力混凝土离心管桩制作工艺，如图 3-6 所示。

图 3-6　先张法预应力离心管桩制作工艺流程图

（2）先张法预应力离心管桩的规格

1）先张法预应力混凝土离心管桩的规格

先张法预应力混凝土离心管桩的外径可分为 300mm、400mm、500mm、550mm、600mm、800mm 和 1000 mm。壁厚为 60～130mm，视管径、设计承载能力大小而不同。一般来讲，管径大，管壁也厚，如 φ400mm 管桩，壁厚一般为 90～95mm；而 φ500mm 管桩，一般的壁厚为 100mm。

2）先张法预应力混凝土离心管桩的构造

先张法预应力混凝土离心管桩的构造，如图 3-7 所示。

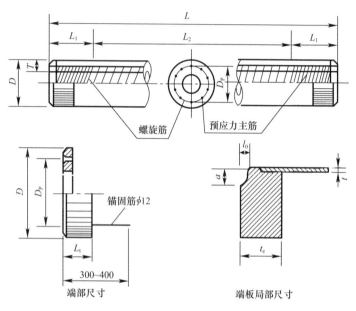

图 3-7　管桩构造

管桩端头板是桩顶端的一块圆环形钢板，厚度一般为 18～22mm，端板外缘一周留有坡口，供对接时烧焊之用。

先张法预应力混凝土离心管桩沉入土中的第一节称为底桩，底桩端部都要设置桩尖（靴）。它的形式主要有十字形、圆锥形和开口形。前两种属于封口形。穿越砂层时，开口形和圆锥形比十字形好。开口形桩尖一般用在入土深度 40m 以上且桩径大于 500mm 的管桩工程中，成桩后桩身下部约有 1/3～1/2 桩长的内腔被土体充塞，挤土作用可以大大减小。封口桩尖成桩后，内腔可一目了然，对桩身质量及长度可用目测法检查。十字形桩尖加工容易，价格便宜，破岩能力强，故被广泛应用。

2. 桩锤

先张法预应力离心管桩沉桩方法有很多种，我国目前主要采用柴油锤施打。柴油锤爆发力强、锤击能量大、工效高，且锤击作用时间比自由落锤作用时间长。因此，锤击应力相对低一些，冲击体冲击距离（落距）随沉桩阻力的大小而自动调整，比较适合管桩的施打。柴油锤分为导杆式和筒式两种。导杆式柴油锤是活塞固定、缸体往复运动作为冲击体进行锤击打桩，因其锤击能量小、使用寿命短已被逐渐淘汰；而筒式柴油锤是利用锤芯（上活塞或冲击体）往复运动进行锤击打桩，因此被广泛应用。

选择柴油锤主要应考虑以下因素：

（1）保证单桩承载力能达到设计要求。

（2）考虑桩的入土深度，即桩自重大小。

（3）根据土质、岩性和布桩状况进行判断。

（4）保证冲击压应力不超过桩身混凝土极限强度的50%。

柴油打桩锤的选择，应遵循"重锤低击"的原则。我国目前，柴油锤的供油油门分为四挡，若选择一个要开到四挡才能将桩沉到设计持力层，不如选择一个大一级的柴油锤采用2~3挡油门的桩锤，以防止桩受锤击时产生过大的冲击应力而将桩头打烂击碎。

总之，衡量打桩锤选择是否合理，其主要标志如下：

（1）保证桩的承载力满足设计要求。

（2）顺利或基本顺利地将桩下沉到设计深度。

（3）打桩的破损率能控制在1%左右，最多不超过3%。

（4）满足设计要求的最后贯入度最好为20~40mm/10击。

（5）每根桩的总锤击数宜在1500击之内，最多不超过2000~2500击。

3. 锤击法施工

预应力管桩比普通预制方桩强度高、耐打性好、穿透力强、承载能力大，所以有它一套独特的施工方法。

（1）施工前的准备工作

1）有关资料调查。在开始打桩前对施工现场的地质情况和周围环境进行深入了解。

2）编制施工组织设计。其中最关键的问题是打桩流水问题，应综合考虑以下原则确定：

① 根据桩的密集程度与周围建（构）筑物的关系，若桩较密集且距周围建（构）筑物较远，施工场地又较开阔，则宜从中间向四周进行；若桩较密集且场地狭长，两端距建（构）筑物又较远时，宜从中间向两端进行；若桩较宜从毗邻建（构）筑物的一侧开始，则由近及远地进行。

② 根据桩的入土深度，宜先长而后短。

③ 根据桩的规格，宜先大而后小。

④ 根据高层建筑塔楼（高层）与裙房（低层）的关系，宜先高后低。

3）清除施工现场障碍物和平整场地。

4）施工现场定位放线。

首先由专职测量人员将施工图上的桩位通过轴线控制点逐个测设在打桩现场，然后制作"样桩"，即在桩位中心点地面上打入一支 $\phi6$ 长约 30cm 的钢筋，使其露出地面 $5\sim8cm$，再在其上扎一小片红布条。由于预应力管桩的桩尖（靴）采用十字形或开口形，仅靠一个点位来对中，误差较大。为此，在使用十字形桩尖（靴）时，宜在当天计划施打的几个桩位上，用白灰在"样桩"附近的地面上画上一个圆心与"样桩"重合，直径与管桩直径相等的圈，以方便插桩。

（2）锤击法施工工艺

1）底桩就位

由于管桩节长较短，重量相对于方桩来说较轻，因此一般采用单点吊将管桩吊直。先将管桩头部插入桩锤下面的桩帽套内，再用人工扶住管桩下端将管桩桩尖（靴）在白灰圈内就位。

需要注意：在底桩就位前，应先在桩身上划出以米为单位的长度标记，并按从下至上的顺序标明桩的长度，以便观察桩的入土深度来记录每米沉桩锤击数。

2）对中、调直

底桩就位后对中、调直这道工序对成桩质量起关键作用。如果底桩不对中，那么成桩后的桩位偏差肯定会超过规范要求。"调直"使桩身垂直（斜桩要求达到设计倾斜角度），使桩身、桩帽和桩锤的中心线重合。如果桩身未调直就开锤，不仅桩的垂直度会超出《建筑地基基础工程施工质量验收规范》GB 50202 要求，而且会发生偏心锤击，将桩头（顶）打裂击碎。因此要尽量将管桩调直后才能开锤。必要时，宜拔出重插，直至满足要求。测量管桩桩身包括打桩架导杆的垂直度，可用两台经纬仪在离打桩架 15m 以外成正交方向进行观察，也可在正交方向上设置两个线陀进行观察校正。另外，每台打桩机尚应配一把长条水准尺，随时量测桩身垂直度。

3）锤击沉桩

在开始锤击底桩时，落距要较小，当入土一定深度并保持稳定后，再按要求的落距沉桩。在打桩过程中要自始至终保持桩锤、桩帽和桩身的中心线重合，即三体中心线保持在同一铅垂线上，如有偏差要及时纠正，尤其对底桩的垂直度控制更要严格。这不仅是为了保证成桩的垂直度，也是为了防止管桩受偏心锤击而被击碎的一条重要的施工控制措施。

4）接桩

预应力管桩接头全部采用端头板四周一圈坡口进行电焊连接。当底桩桩顶露出地面 0.5～1.0m 时可暂停锤击，进行管桩焊接。目前我国大多数的管桩焊接采用手工电弧焊。首先用钢丝刷将两个对接桩头上的泥土、铁锈刷净，再在底桩桩头扣上一个特制的接桩夹具（导向箍），将待接的上桩吊入夹具内就位并调直，用电焊枪在接缝口四周均匀对称点焊 4～6 点，待上、下节桩固定后拆除夹具（导向箍）再正式施焊。选用焊条直径应能满足焊透坡口根部的要求，焊接坡口根部时应选用 $\phi 3.2$ 焊条，其余部分可选用 $\phi 4 \sim 45$ 焊条。焊接时电流强度应与所用的焊机和焊条相匹配。施焊时，宜由两个焊工对称、分层、均匀、连续进行，且焊接层数不得少于两层，焊缝应连续饱满。焊接后应进行外观检查，焊缝不得有凹痕、咬边、焊瘤、夹碴、裂缝等表面缺陷。焊接结束后，焊缝应自然冷却 $8 \sim 10 \text{min}$ 才能继续打桩。

5）收锤

当桩尖（靴）被打入设计持力层一定深度时，施工人员即可考虑终止锤击。由于过早停打，则桩的承载能力达不到设计要求；过迟收锤，桩身、桩头可能被打坏。因此，在停锤之前，施工人员一般需获得桩身最后十击贯入度及最后 1m 沉桩锤击数等各种沉桩信息，如果符合事先确定的停打条件，就可收锤停打。

锤击施工时，应注意以下几点：

① 重视桩帽及垫层的设置。

② 自始至终保持桩身垂直，切忌偏打。

③ 保证管桩接头的焊接质量。

④ 在较厚的黏土、粉质黏土层中施打多节管桩，每根桩宜连续施打，并一次性完成。

⑤ 承载力较大的摩擦端承桩，送桩深度一般不宜超过 2m。

⑥ 围护结构深基坑中的管桩，宜先打工程桩，再对基坑的支护结构进行施工。

4. 质量控制与检验

先张法预应力离心管桩的质量必须符合设计要求和施工规范的规定，并有出厂合格证。每节管桩出厂时应有永久标志和临时标志。永久标志为制造厂的厂名和商品注册商标，标记在管桩表面距端头 $1.0 \sim 1.5\text{m}$ 处。临时标记包括管桩的品种、抗弯弯矩类型、外径、壁厚、长度及制造日期，其位置略低于永久标志。

先张法预应力离心管桩施工的允许偏差与检验方法应符合规范要求。

（三）钢桩

钢桩也是预制桩中的一种，工程中采用的钢桩有钢管桩、型钢桩和钢板桩。由于型钢桩和钢板桩多为工厂轧制生产的型钢，截面尺寸受工艺和运输的限制，不可能做得很大。另外，由于截面抗弯刚度不如钢管桩，因此在实际工程中使用并不广泛。

1. 钢管桩

在我国沿海地区，分布着大面积的软土地基，软土层厚达 $50\sim60$m。这类土一般具有抗剪强度很低、压缩性较高、含水量较高、渗透性很小、明显的流变性等工程特性。沉桩时须采用冲击力很大的桩锤，用一般钢筋混凝土预制桩难以适应，故多采用钢管桩。

钢管桩一般具有以下优点：重量轻，刚性好，搬运、堆放方便，不易受损；桩长易于调节，与上部承台易于连接；管材强度高，贯穿性好，能有效地打入坚硬土层，获得很大的承载力；桩下端为开口，因而沉桩排土量小，对周围相邻桩及邻近建筑物或构筑物影响小；沉桩工效高，速度快，质量可靠。但也存在下列缺点：钢材用量大，工程造价高；振动和噪声较大；管材保护不好，易于腐蚀；沉桩设备、机具较复杂等。

（1）钢管桩的制作

1）钢管桩的形式和规格

钢管桩按加工工艺有螺旋缝钢管和直缝钢管两种，工程上使用较多的是螺旋缝钢管，因为它的刚度大。不受桩架高度所限，同时也便于运输，钢管桩通常由一根上节桩，一根下节桩和若干中节桩组成，每节长度一般为13m或15m。

钢管桩的下口有开口和闭口两种。

钢管桩一般上、中、下节常采用同一壁厚。有时为了使桩顶能承受巨大的锤击应力，防止径向失稳，可采取一些措施，如把上节桩的壁厚适当加大，或在桩管外圈顶端加焊一条宽为200～300mm，厚为6～12mm的扁钢加强箍。为减少桩管下沉的摩阻力，防止贯入硬土层时端部因变形而破损，在桩管的下端也设置同样宽厚的加强箍。

钢管桩的附件，主要包括：桩盖（焊接在桩顶上，承受上部荷载）、增强带（焊接于钢桩端部，宽200～300mm，厚8～12mm扁钢带）、保护圈（保护桩底，免遭装运时碰坏）、铜夹箍（用于桩节焊接）、内衬箍（确保焊接质量）、电焊丝（焊接材料）及挡块（用于固定内衬箍位置）。

2）钢管桩的制作

① 螺旋焊接钢管的制作。用此法制作的钢管桩的长度不受限制。通过调节螺旋卷的角度，可以用同一宽度的带钢焊出任意外径的钢管桩。由于在带钢的两端进行预锻造，故可以使其尺寸精度、平直角和正圆度极高。目前国内可生产的最大直径为1200mm，壁厚20mm，国外生产的最大直径达2500mm以上，壁厚为25mm。

② 平板卷制钢管制作。用此法制作钢管桩无论在制作精度还是在生产量上均稍差于螺旋焊接管桩，但通过调整轧辊的相关位置，可使管径的板厚不受限制。当工程用的钢管桩量不大、制作精度要求不是很高时，可在工地或简易厂房内制作。其流程为：钢板切边、整平→卷制钢段→管段焊接→管端坡口加工→管段拼接成形→焊接质量检验→外形修整→出厂。

③ 钢管桩的制作误差。钢管桩形状及尺寸的质量要求，见表3-3。

部位		允许偏差 (mm)	备注
外径 (D)	钢管桩端部	±0.5%	外径 (D) ＝外周长÷π
	钢管桩桩身	±0.1%	
壁厚 (t) ＜16mm	外径 (D) ＜500mm	−0.6	
	500mm≤外径 (D) ＜800mm	−0.7	
	800mm≤外径 (D) ＜1524mm	−0.8	
壁厚 (t) ≥16mm	外径 (D) ＜800mm	−0.8	
	800mm≤外径 (D) ＜1524mm	−1.0	
长度 (l)		−0.0	
横向弯曲 (f)		＜l/1000	
焊接端面的平整度 (h)		≤2	
焊接端面的倾斜度 (c)		≤2	

（2）钢管桩的储存及运输

钢管桩的堆存场地应平整、坚实、排水畅通。场地承载能力能满足堆放钢管桩荷载的要求，不会因桩材荷载而产生地基下沉，影响桩身平直。

钢管桩应按规格、材质分别堆放。堆放高度和层数应考虑桩身刚度和吊桩作业的安全。对于直径 900mm 的钢管桩，堆放层数不宜超过三层；直径 600mm 的不宜超过四层；直径 400mm

的不宜超过五层。并应按正确支点进行堆放。

为保证安全，防止桩管滚动，应在桩堆两侧塞上木楔，桩管下面垫上枕木。钢管桩在运输过程中，应防止桩体撞击而造成桩端、桩体损坏或弯曲。桩管运到现场后，应认真核对其规格尺寸，特别是管壁厚度，防止出现差错。

（3）钢管桩施工

1）施工准备

钢管桩的施工准备包括：

① 平整和清理场地。

② 测量定位放线。

③ 标出桩心位置，并用石灰撒圈标出桩径大小和位置。

④ 标出打桩顺和桩机开行路线，并在桩机开行部位上铺垫碎石。

2）打桩顺序

钢管桩施工有两种方法，即先挖土后打桩和先打桩后挖土。在软土地区，由于表层土承载力很差，且地下水位较高，排干较难。因此为避免基坑长时间大面积暴露被扰动和便于施工作业，一般采用先打桩后挖土的施工方法。

钢管桩施工工艺流程，如图 3-8 所示。

为防止在打（沉）桩过程中造成相邻桩或邻近建（构）筑物较大位移和变位，并使施工方便，一般采取以下打桩顺序：先打中间后打外围或先打中间后打两侧，先打长桩后打短桩，先打大直径桩后打小直径桩。如有钢管桩和混凝土桩两种类型，为了有利于减少挤土和满足设计对打（沉）桩入土深度的要求，采取先打钢管桩后打混凝土桩的方法。为了在打（沉）桩机回转半径范围内的桩能一次流水施打完毕，应组织好桩的供应，并搞好场地处理、放样桩和复核等配合工作。

3）桩的吊放

钢管桩可由平板车运至现场，再用吊车将桩卸于桩机一侧，按打桩先后顺序及桩的配套要求堆放，并注意方向。施工场地

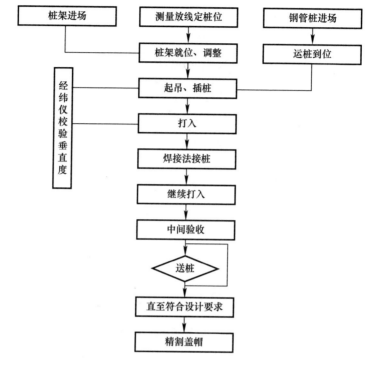

图 3-8　钢管桩施工工艺流程

宽时宜用单层排列。起吊钢管桩多采用一点绑扎,待吊到桩位进行插桩,将钢管桩对准事先用石灰划出的样桩位置,做到桩位正,桩身直。

4) 打桩方法

打桩前要在桩头顶部放置特制的桩帽,如图 3-9 所示,以防止桩头在锤击时损坏。在直接经受锤击的部位,放置用硬木制的减振木垫。

打桩前先用两台经纬仪,架设在桩架的正面及侧面,校正桩架导向杆及桩的垂直度,并保持桩锤、桩帽与桩在同一纵轴线上,然后空打 1～2m,再次校正垂直度后正式打桩。当打至某一深度并经复核沉桩质量良好时,再进行连续锤击,直至桩

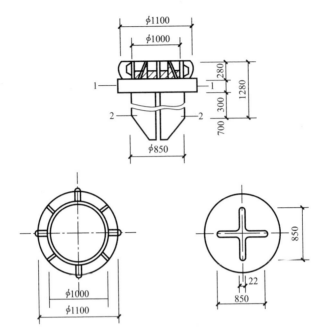

图 3-9 钢管桩桩帽

顶高出地面 60~80cm 时，停止锤击，然后进行接桩，再以同样步骤进行，直至达到设计深度。若开始阶段就发现桩位不正或倾斜，应及时调整或将钢管桩拔出重新插打。

钢管桩沉桩允许平面偏差，见表 3-4。

钢管桩沉桩允许平面偏差　　　　表 3-4

项次	项目	允许偏差	检验方法
1	桩的平面	$\frac{1}{10}D$	用钢尺、直角尺检查
2	桩的垂直度	$\frac{1}{100}l$	用拉线、吊线、钢尺检查

注：D—钢管桩外径；l—钢管桩长度。

钢管桩接桩焊缝、外观允许偏差及检验方法，见表 3-5。

钢管桩接桩焊缝、外观允许偏差及检验方法　　表 3-5

项次	项目		外观允许偏差（mm）	检验方法
1	上下节桩错口	外径≤700	2	用钢尺检查
		外径＞700	3	
2	咬边深度		0.5	用焊缝量规检查
3	加强层高度		2	用焊缝量规检查
4	加强层高度		3	

注：上节桩间隙要求为 2～4mm；每 20 根桩应用 X 光拍片 1 张检查焊缝。

　　焊接前，应将下节桩管顶部变形损坏部分修整，将上节桩管端部泥沙、水或油污清除，铁锈用角向磨光机磨光，并打焊接剖口。将内衬箍放置在下节桩内侧的挡块上，如图 3-10 所示，紧贴桩管内壁并分段点焊，然后吊接上节桩，其坡口搁在焊道上，使上下节桩对口的间隙为 2～4mm，再用经纬仪校正垂直度，在下节桩顶端外周安装弯铜类箍，再进行电焊。焊接应对称进行，当管壁厚小于 9mm 时焊 2 层，管壁厚大于 9mm 时焊 3 层。

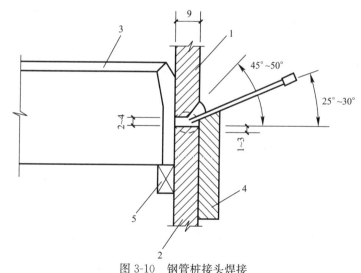

图 3-10　钢管桩接头焊接

1—钢管桩上节；2—钢管桩下节；3—内衬箍；

4、5—挡块（30mm×30mm×12mm）

焊接时应注意以下几点：

① 焊完每层焊缝后，及时清除焊渣。

② 每层焊缝的接头应错开。

③ 充分熔化内衬箍，保证根部焊透。

④ 遇强风时，要安装挡风板。

⑤ 当气温低于 0℃时，在焊件上下各 100mm 预热。

⑥ 焊接完毕后应冷却 1～5min，再行锤击打桩。

钢管桩接桩焊接时的常见缺陷及处理对策，见表 3-6。

钢管桩焊接缺陷、产生原因及处理对策 表 3-6

缺陷	产生原因	处理对策
熔深不足 熔深不足	(1) 焊缝根部无间隙 (2) 焊接速度太快或有断弧 (3) 焊接电流太小 (4) 焊枪角度及位置不恰当	(1) 保持 1～4mm 间隙 (2) 调整焊接速度，缝隙内金属渣应先除去 (3) 电流强度要 500A (4) 确保焊枪角度为 20°～30°
焊渣混入 焊渣混入	(1) 焊渣清除不彻底 (2) 电焊条送得过慢 (3) 用焊枪推进法焊接	(1) 前一层电焊渣要完全除去 (2) 电流稍高一些 (3) 用焊枪后退法（0°～45°）焊接
咬边 咬边	(1) 焊接电流过高 (2) 焊枪角度及位置不恰当 (3) 焊接速度过快 (4) 电弧电压过高	(1) 最终一层电流控制在 350～400A 之内 (2) 焊枪角度为 0°～15°，不在上节桩坡口处引弧 (3) 速度稍慢 (4) 电弧电压下降至 26～28V
发生焊渣 发生焊渣	(1) 焊接电流太低 (2) 送电焊条速度过慢	(1) 电焊电流提高，送电焊条速度加快 (2) 焊接速度加快

缺陷	产生原因	处理对策
发生裂缝 发生裂缝	（1）接头部有水分，杂质混入 （2）热影响区硬脆 （3）电焊条受潮	（1）焊接前坡口部要充分清渣，水分、泥土、油脂、灰尘、铁锈要全部除去 （2）进行预热 （3）电焊条充分保管好，使用前再干燥
发生气泡 发生气泡	（1）电弧电压过高 （2）接头部水分和杂质混入 （3）电焊条受潮 （4）电焊条伸出过短	（1）电压以 26～30V 为合适 （2）焊接前坡口部要充分清渣，水分、泥土、油脂、灰尘、铁锈要全部除去 （3）电焊条充分保管好，使用前再干燥 （4）电焊条伸出 30～50mm 较合适
发生凹痕 发生凹痕	（1）电焊条受潮 （2）接头部水分和杂质混入 （3）电流及电压不合适	（1）电焊条充分保管好，使用前再干燥 （2）焊接前坡口部要充分清渣，水分、泥土、油脂、灰尘、铁锈要全部除去 （3）按标准的电焊条件范围进行

5）贯入深度控制

钢管桩一般不设置桩靴，而是开口打入。打桩时，土体由桩口涌入桩管内，达到一定高度（一般为 1/3～1/2 的桩体贯入深度）后，即闭塞封死，其效果与闭口桩相同。

贯入深度一般按以下标准控制：

① 当持力层较薄时，将钢管桩打入持力层厚度的 1/3～1/2；

当持力层较厚时，以最后 10 次锤击每击的贯入量 $S \leqslant 2mm$ 为限；当持力层不大坚固时，打入 5～10 倍桩径的深度；当持力层坚固时，打入 1～2 倍桩径的深度。

② 锤击桩顶时对桩产生的锤击应力应不超过桩管材料的允许应力（一般按 80% 考虑），一般限制最后 10m 的锤击数在 1500 击以下（总锤击数不超过 3000 击）。

③ 以桩锤的容许负荷限制，避免桩锤的活塞受到过量冲击而损坏，一般限制每次冲击的最小贯入量 $\leqslant 0.5～1.0mm$ 作为控制标准。

以上停打标准是以贯入深度为主，并结合打桩时的贯入量最后 1m 锤击数和每根桩的总锤击数等综合判定。

6）钢管桩切割

为便于基坑机械化挖土，钢管桩在基底以上部分要被切割。由于钢管桩周围被地下水和土层包围，只能在管内地下切割。所用切割设备有等离子切桩机、手把式氧乙炔切桩机、半自动氧乙炔切桩机、悬吊式全回转氧乙炔自动切割机等，以前两种使用较为普遍。

工作时，将切割设备吊挂送入钢管桩内的任意深度，依靠风动顶针装置固定在钢管桩的内壁，割嘴按预先调整好的间隙进行回转切割出短桩头，用图 3-11 所示，内胀式拔桩装置借吊车拔出。该装置能拔出地面以下 15m 深的钢管桩。拔出的短桩经焊接接长后可再用。

7）降低地下水位与机械挖土：

① 降低地下水位一般根据地质和地下水情况、需降水深度

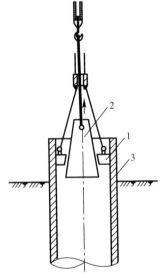

图 3-11　内胀式拔桩装置
1—齿块；2—锥形铁铊；3—钢管桩

来确定采用一级、二级、多级轻型井点或轻型井点与喷射井点相结合的方式。一级轻型井点降水可达 4.5～6.0m，二级轻型井点可降水达 10m。一般降水 7～12d 即可开挖。采用一级轻型井点与喷射井点相结合的方式，降水深可达 14.5m。

② 机械挖土，可采用反铲挖掘机分层开挖、运土的方式。将两台或多台反铲挖土机设在不同作业高度上同时挖土，边挖土边将土传递到上层，由地表挖土机完成挖土、装土。上部可用大型反铲挖土机，中、下部可用大或小型反铲挖土机进行挖土和装土，均衡连续作业。一般两层挖土可挖深达 10m，三层挖土可挖深约 15m。

8）焊桩盖

当挖土至设计标高，使钢管桩外露，取下临时桩盖，按设计标高用气焊进行钢管桩顶的精割。施工方法是先用水准仪在每根钢管桩上按设计标高定上三点，然后按此水平标高固定一环作为割框的支承点，然后用气焊切割，待切割清理平整后打坡口，放上配套桩盖焊牢。桩盖形式有楔式盖和板式盖两种，如图 3-12 所示。在钢管桩上加焊桩盖，并在外壁加焊 8～12 根 $\phi20mm$ 的锚固钢筋，以便钢管桩能与承台共同工作。

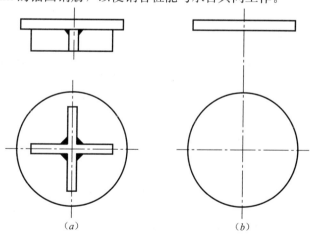

图 3-12　钢管桩桩盖形式
（a）楔式；（b）板式

9）桩端与承台连接

钢管桩桩端与承台的连接，一般是将桩头嵌入承台内，长度不小于 $1d$（d 为钢管桩外径），或嵌入承台内 100mm，再用钢筋予以补强或在钢管桩顶端焊以基础锚固钢筋，形成如图 3-13 所示的刚性接头，再按常规方法对上部钢筋混凝土基础进行施工。

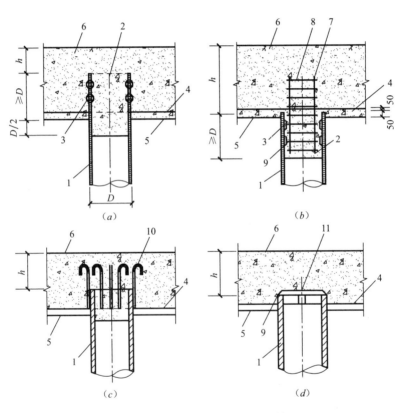

图 3-13　钢管桩头与承台的连接

（a）加防滑块；（b）桩内设加强锚筋；（c）桩外设锚固钢筋；（d）设盖板

1—钢管桩；2—填充混凝土；3—防滑块；4—承台下部主筋；5—承台底部；

6—承台顶面；7—加强锚筋；8—箍筋；9—贴角焊缝；

10—锚固钢筋；11—桩盖

(4) 钢管桩打桩设备

钢管桩打（沉）设备主要为打桩机。打桩机的形式很多，有桅杆式（履带行走式）、柱脚式、塔式、龙门式等多种，主要根据工程地貌、地质、配套锤的型号、外形尺寸、重量、桩的材质、规格及埋入深度、工程量大小、工期长短等来选择。由于三点支撑式（履带行走）柴油打桩机具有桩架移动灵活，可作全向转动，导杆垂直度可全方位调节，锤、导杆可自由上下移动，可作各种角度微调，打桩精度较高，整机稳定性好，操作既方便又安全，施工效率高等优点，因此在工程上使用较普遍。但在打桩前场地上要铺填厚 100～300mm 碎石并碾压密实。

(5) 质量控制与检验

1) 对于在工地现场制作的钢管桩，可根据设计图纸的要求，按规范规定的允许偏差进行质量验收。

2) 对于在工厂制作的成品钢管桩，按规范要求进行质量检验。

3) 施工中应检查钢管桩的垂直度、沉入过程情况、电焊连接质量、电焊后的停歇时间、桩顶锤击后的完整情况。电焊质量除常规检查外，应做 10% 的焊缝 X 光探伤检查。

4) 钢桩施工允许偏差与检验方法应符合规范要求。

(6) 常见问题与处理方法

钢管桩施工常见问题、产生原因及处理方法，见表 3-7。

钢管桩施工常见问题、产生原因及处理方法　　表 3-7

常见问题	产生原因	处理方法
环境破坏	（1）钢管桩打入时造成挤土 （2）锤与钢柱顶的撞击产生噪声 （3）打桩时引起振动 （4）油、烟雾的污染	（1）选择合理的施工顺序，钻孔设置排水砂井或插入塑料排水板 （2）控制锤击时间，用防盖罩 （3）采用缓冲衬垫或缓冲器，设置减振壁 （4）选用带有高压喷雾装置的桩锤，加隔离罩

常见问题	产生原因	处理方法
钢管桩损坏	(1) 由于锤击次数过多、钢管桩壁厚太薄、锤击力偏离桩中心、桩锤落距过大等造成桩顶失稳 (2) 闭口钢管桩断面失稳 (3) 开口桩尖卷曲 (4) 焊接桩质量不好导致接头部位破坏	(1) 在钢桩锤击顶部加一套箍，尽可能中心锤击，调整合适的落距 (2) 增加壁厚以提高断面刚度，彻底清除障碍物 (3) 在钢管桩底部增加一钢套箍，以增强桩尖刚度 (4) 严格按焊接规程施工，调整好桩架不产生偏心锤击
沉桩困难	(1) 沉桩过程中，中间有硬土层需穿过 (2) 桩尖快到持力层时，贯入度过小	(1) 在桩底端焊一加强箍，或先用钻孔法在中间硬层内钻孔，然后再进行沉桩 (2) 在已入土的管桩内取一部分土出来（对开口钢管桩） (3) 采用外射水，破坏部分外摩擦阻力 (4) 尽量减少送桩长度 (5) 先安排了桩位较密区施工，或先打中间桩，再向四周扩散

2. H型钢桩

H型钢桩是在20世纪80年代开始应用于我国工业和民用建筑中，适用于较软的土层中。由于H型钢桩是由工厂轧制而成，对急于开工的项目，只需按规格向厂方订货，运到现场切割接长便可施工，较为方便。H型钢桩除作为建筑物基础外，还可作为基坑支护的立柱桩，而且可以拼成组合桩以承受更大的荷载。

H型钢桩具有以下优点：

（1）由工厂轧制而成，价格较由钢带或钢板卷制而成的钢管桩要便宜约20%～30%。

（2）因桩体本身形状的特点使其穿越能力强，在穿越中间硬土层时表现出一定优越性。

（3）施工挤土量小，对相邻建（构）筑物或地下管线的影响小。

但 H 型钢桩也有其缺点：

（1）与钢管桩相比，其承载能力、抗锤击性能要差。

（2）因断面刚度小，桩不宜过长。

（3）施工时稍不留意便会横向失稳。

（4）对打桩场地的要求较严，尤其是浅层障碍物应彻底清除。

（5）运输及堆放过程中的管理较钢管桩复杂，容易造成弯折。

（1）H 型钢桩的制作

1）H 型钢桩规格

H 型钢桩一般由工厂轧制，规格相对而言是固定的。如果所需规格与厂家产品不符，时间允许，批量大，可作特种规格订货；如果批量较小，则可自行加工。

2）制作允许误差

成品 H 型钢桩的允许偏差与检验方法应符合规范要求，对于自行制作的 H 型桩，由于其生产设备和制作环境所限，质量要求不可能按成品 H 型钢的标准，建议可作为参考。因此，自行制作的 H 型钢桩，不宜用于永久基础上，同时最好用于桩长不超过 20m 的桩基。对临时的支护结构立柱桩，标准可适当放宽。

（2）沉桩施工

1）打桩设备

H 型钢桩的打桩设备与钢管桩类似，只是由于其锤击性能较钢管桩差，因此在选择桩锤时，应注意不能过大。桩架则仅需考虑可设置横向稳定装置的桩架即可。H 型钢桩的桩帽如图 3-14 所示，可根据桩的尺寸在现场用钢板焊接而成。送桩管如图 3-15 所示。

2）沉桩施工

① 施工准备：

A. 在打桩设备进场前，应作认真勘察，尤其要查清墙基、地下管线、大块石及人防设施。由于 H 型钢桩对地下障碍物很敏感，因此在每个桩位下都应无障碍物，否则会影响桩的沉入。

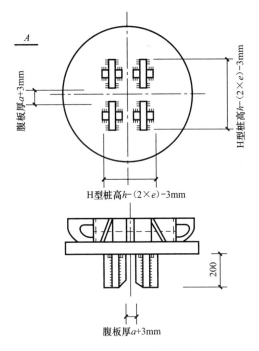

图 3-14　H 型钢桩桩帽图

在平整场地时，切忌用大块石或大混凝土块，因为这些块体是阻碍 H 型钢桩顺利沉入的最不利因素。

B. 编制施工组织设计，最关键是确定打桩顺序，一般按以下原则进行：

a. 桩的入土标高有不同时，应先深后浅。

b. 当场地邻近建筑物或有重要管线等，应先选择靠近这些设施的打。

c. 尽可能先打布桩密的区域。

C. 定位放线。根据坐标定出基础的纵横中心线，施工时按基础纵横交点和设计桩位图的尺寸确定桩位，敲一小木桩并钉上圆钉，以此圆钉为中心套杆桩箍，再在样桩箍的外侧撒石灰，以示桩位标记。

D. 桩的堆放必须妥善，不致因为不当而造成弯折，长时期堆放还需考虑通风和不受雨淋。场地要平坦，大型车辆能够直达。由于 H 型钢桩的自由刚度不及钢管桩，其堆放及从堆场运至打桩现场要严格管理，不能产生过大变形。

② 锤击沉桩：

A. 桩机就位。移动打桩机至桩位，使桩锤中心对准样桩中心，少量位置的调整可借旋转桩机或顶升导杆滑块来实现。桩在起吊前，需对每节桩作详尽的外观检查，尤其是桩的端面方正度。桩正起吊后，要对准石灰浅插桩。由于 H 型钢桩其 x、y 向的抗弯性能不一样，应根据设计图纸要求对准方向插入，不能插错。在桩机的正前方和侧方呈直角方向用两台经纬仪观测桩的垂直度，可借控制导杆的仰俯、桩架的左右摆动，使桩锤、桩帽及桩成一直线。

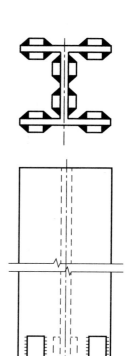

图 3-15 H 型桩送桩管图

B. 打桩。H 型钢桩的打入精度与桩的就位正确与否和垂直度控制有密切关系。在开始锤击时，落距应较小，控制桩缓慢入土，待定深度并稳定后，再按要求的落距锤击。在此期间，要随时跟踪观测沉桩质量情况，发现问题及时纠正，必要时需把桩拔出重新插入，并采取强制措施按预定轨道下沉。锤击时必须有横向稳定措施，以防止桩在沉入过程中发生侧向失稳而被迫停锤，而活络抱箍可有效防止此类事故的发生。待桩击至顶端高出地面约 60～80cm 时停止锤击，准备电焊接桩，但不能使桩尖停在硬土层上。

C. 接桩。焊接前应检查和修整下节桩顶因锤击而产生变形的部位，清除上节桩端泥沙或油污，坡口部分磨光。焊接连接的接头形式可参照图 3-16。焊接的质量标准，可参照钢管桩接桩焊缝、外观允许偏差及检验方法。

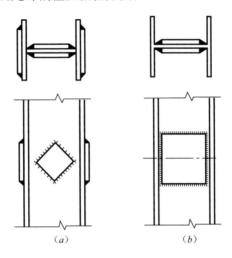

图 3-16　H 型钢桩接头形式
(a) 钢板连接；(b) 侧钢板连接

D. 送桩。H 型钢桩的送桩不宜过深，否则容易使桩移位，或者因锤击过多而失稳。

3）施工常见问题与处理方法

H 型钢桩施工中常见问题、产生原因及处理方法，见表 3-8。

H 型钢桩常见问题、产生原因及处理方法　　　　表 3-8

常见问题	产生原因	处理方法
失稳	施工场地有块石或混凝土块体 桩断面刚度过小，横向无约束 桩未垂直插入土中	彻底清理桩位下障碍物 桩架设置抱箍以约束横向变形 垂直插入 H 型钢桩
扭转	桩两翼缘间的土存在差异，且随着桩的入土深度增加而加剧，致使桩朝土体弱的方向转动	利用桩架抱箍扭转变形过大，若入土深度不大，则拔出再次锤击
入土困难	土质过硬	桩尖两侧焊钢板（长度 1～3m），减少一部分摩阻，增加贯入性

四、混凝土灌注桩施工

（一）基本规定

1. 成孔

（1）成孔机具的适用范围

钻（冲）孔机具的适用范围可按照表 4-1 选用。

钻（冲）孔机具的适用范围 表 4-1

成孔机具	适用范围
潜水钻	黏性土、粉土、淤泥、淤泥质土、砂土、强风化岩、软质岩
回转钻（正反循环）	碎石类土、砂土、黏性土、粉土、强风化岩、软质与硬质岩
冲抓钻	碎石类土、砂土、砂卵石、黏性土、粉土、强风化岩
冲击钻	适用于各类土层及风化岩、软质岩

（2）成孔设备就位

成孔设备就位后，必须平正、稳固，确保在施工中不发生倾斜、移动。为准确控制成孔深度，在桩架或桩管上应设置控制深度的标尺，以便在施工中进行观测记录。

（3）成孔控制深度

成孔的控制深度应符合下列要求：

1）摩擦型桩：摩擦桩以设计桩长控制成孔深度，端承摩擦桩必须保证设计桩长及桩端进入持力层深度，当采用锤击沉管法成孔时，桩管入土深度控制以标高为主，以贯入度控制为辅。

2）端承型桩：当采用钻（冲）、挖掘成孔时，必须保证桩孔进入设计持力层的深度；当采用锤击沉管法成孔时，沉管深度控制以贯入度为主，设计持力层标高对照为辅。

（4）成孔施工允许偏差

灌注桩的平面位置和垂直度的允许偏差应满足规范要求。

（5）试成孔

为核对地质资料、检验设备、施工工艺及技术要求是否适宜，桩在施工前宜进行"试成孔"。

2. 钢筋笼制作与安放

（1）钢筋笼制作

1）钢筋的种类、钢号及规格尺寸应符合设计要求。

2）钢筋笼的绑扎场地宜选择现场内运输和就位都较方便的地方。

3）钢筋笼的绑扎顺序是先将主筋间距布置好，待固定住架立筋后，再按规定的间距绑扎箍筋。主筋净距必须大于混凝土粗骨料粒径3倍以上。主筋与架立筋、箍筋之间的接点固定可用电弧焊接等方法。主筋一般不设弯钩，根据施工工艺要求所设弯钩不得向内圆伸露，以免妨碍导管工作。钢筋笼的内径应比导管接头处外径大100mm以上。

4）从加工、控制变形以及搬运、吊装等综合因素考虑，钢筋笼不宜过长，应分段制作。钢筋分段长度一般为8m左右。但对于长桩，在采取一些辅助措施后，也可为12m左右或更长一些。

5）为防止钢筋笼在搬运、吊装和安放时变形，可采取下列措施：

① 每隔2.0～2.5m设置加劲箍一道，加劲箍宜设置在主筋外侧，在钢筋笼内每隔3～4m装一个可拆卸的十字形临时加劲架，在钢筋笼安放入孔后再拆除。

② 在直径为2～3m的大直径桩中，可使用角钢或扁钢作为架立钢筋，以增大钢筋笼的刚度。

③ 在钢筋笼外侧或内侧的轴线方向安设支柱。

6）钢筋笼的制作允许偏差及检验方法应符合规范要求。

（2）钢筋笼的堆放与搬运

钢筋笼的堆放、搬运和起吊应严格执行规程，应考虑安放入孔的顺序、钢筋笼变形等因素。堆放时，支垫数量要足够，位置要适当，以堆放两层为好。如果能合理使用架立筋牢固绑扎，可以堆放三层。对在堆放、搬运和起吊过程中已经发生变形的钢筋笼，应进行修理后再使用。

（3）清孔

钢筋笼入孔前，要先进行清孔。清孔时应把泥渣清理干净，保证实际有效孔深满足设计要求，以免钢筋笼放不到设计深度。

（4）钢筋笼的安放与连接

钢筋笼安放入孔要对准孔位，垂直缓慢地放入孔内，避免碰撞孔壁。钢筋笼放入孔内后，要立即采取措施固定好位置。

当桩长度较大时，钢筋笼采用逐段接长放大孔内。先将第一段钢筋笼放入孔中，利用其上部架立筋暂时固定在护筒（泥浆护壁钻孔桩）或套管（贝诺托桩）等上部。然后吊起第二段钢筋笼对准位置后，其接头用焊接连接，并应遵守《混凝土结构工程施工质量验收规范》GB 50204。

钢筋笼安放完毕后，一定要检测确认钢筋笼顶端的高度。

（5）钢筋笼主筋保护层

1）为确保钢筋笼主筋保护层的厚度，可采取下列措施：

① 在钢筋笼周围主筋上每隔一定间距设置混凝土垫块，混凝土垫块根据保护层厚度及孔径设计。

② 用导向钢管控制保护层厚度，钢筋笼由导管放入，导向钢管长度宜与钢筋笼长度一致，在灌注混凝土过程中再分段拔出导管或灌注完混凝土后一次拔出。

③ 在主筋外侧安设定位器，其外形呈圆弧状突起。定位器在贝诺托法中通常使用直径 9~13mm 的普通圆钢，在反循环钻成孔法和钻斗钻成孔法中，为了防止桩孔侧面受到损坏，大多使用宽度为 50mm 左右的钢板，长度 400~500mm。在同一断面上定位器有 4~6 处，沿桩长的间距为 2~10m。

2）主筋的混凝土保护层水下浇筑混凝土桩厚度不应小于50mm，非水下浇筑混凝土桩不应小于 30mm。

3）钢筋笼主筋的保护层允许偏差如下：

水下浇筑混凝土桩：±20mm；

非水下浇筑混凝土桩：±10mm。

3. 灌注混凝土

(1) 混凝土材料

1）混凝土的强度等级不应低于设计要求。

2）坍落度：用导管水下灌注混凝土时，坍落度宜为 18～22cm；非水下直接灌注素混凝土时，坍落度宜为 6～8cm；非水下直接灌注混凝土（有配筋）时，坍落度宜为 8～10cm。

3）粗骨料可选用卵石或碎石，其最大粒径对于沉管灌注桩不宜大于 50mm，并不得大于钢筋间最小净距的 1/3；对于素混凝土桩，不得大于桩径的 1/4，并不宜大于 70mm。细骨料可用干净的中、粗砂。

(2) 混凝土灌注

混凝土灌注宜选用以下方法：

1）孔内水下灌注宜用导管法。

2）孔内无水或渗水量很小时灌注宜用串筒法。

3）孔内无水或孔内虽有水但能疏干时灌注宜用短护筒直接投料法。

4）大直径桩混凝土灌注宜用混凝土泵。

(3) 混凝土灌注质量控制

1）检查成孔质量合格后应尽快浇筑混凝土。桩身混凝土必须留有试件，直径大于 1m 的桩，每根桩应有 1 组试块，且每个浇筑台班不得少于 1 组，每组 3 件。

2）混凝土灌注充盈系数（实际灌注混凝土体积与按设计桩身直径计算体积之比）一般土质为 1.1～1.2，软土为 1.2～1.3。

3）每根桩的混凝土灌注应连续进行。对于水下混凝土及沉管成孔从管内灌注混凝土的桩，在灌注过程中应用浮标或测锤测定混凝土的灌注高度。

4）混凝土灌注应适当超过桩顶设计标高。

5）在冬期灌注混凝土时，应采取保温措施，使灌注时的温度不低于 3℃；桩顶混凝土在达到设计强度 50％之前，不得受冻。

6）灌注结束后，应由专人做好施工记录。

4. 构造要求

（1）桩身

桩身混凝土、钢筋需符合下列要求：

1）混凝土强度等级不得低于 C15，水下灌注混凝土时不得低于 C20，混凝土预制桩尖不得低于 C30。

2）桩身配筋时，对于受横向荷载的桩，主筋不宜小于 8ϕ10，对于抗压桩和抗拔桩，主筋不应少于 6ϕ10，纵向主筋应沿桩身周边均匀布置，其净距不应小于 60mm，并尽量减少钢筋接头。

3）箍筋采用 ϕ6～ϕ8@200～300，宜采用螺旋式箍筋。受横向荷载较大的桩基和抗震桩基，桩顶 3～5d 范围内箍筋应适当加密。当钢筋笼长度超过 4m 时，应每隔 2m 左右设一道 ϕ12～18 焊接加劲箍筋，以加强钢筋笼的刚度和整体性。

4）配筋率：当桩身直径为 300～1200mm 时，截面配筋率可取 0.20％～0.65％（小桩径取高值，大桩径取低值）。对受横向荷载特别大的桩、抗拔桩和嵌岩端承桩根据计算确定配筋率。

5）配筋长度：

① 纯端承桩宜沿桩身通长配筋。

② 受横向荷载的摩擦型桩（包括受地震作用的桩基），配筋长度一般采用 4.0/a，a 为桩的变形系数；对于单桩竖向承载力较高的摩擦端承桩宜沿深度分段变截面配筋；对承受负摩阻力和位于坡地岸边的基桩应通长配筋。

(2) 承台

与一般桩基础相同,灌注桩基承台可有独立柱基、满堂桩基和条形桩基等多种,其构造要求与预制桩基承台基本相同。承台厚度不宜小于 30cm,承台周边与桩的净距不小于桩径的 1/2。混凝土强度等级不低于 C15。梁式承台的纵向配筋不宜小于 $\phi10$,箍筋不小于 $\phi6$;板式承台配筋不宜小于 $\phi8@200$。钢筋保护层不小于 5cm。桩顶与承台的连接应满足传递水平力的要求,桩顶嵌入承台的长度不小于 5cm。主筋伸入承台的长度不小于 $30d_g$,d_g 为钢筋直径。

(二) 泥浆护壁成孔灌注桩施工及机械设备

泥浆护壁成孔可用多种形式的钻机钻进成孔。在钻孔过程中,为防止孔壁坍塌,在孔内注入高塑性黏土或膨润土和水拌合的泥浆以及利用钻削下来的黏性土与水混合自造泥浆保护孔壁。同时这种护壁泥浆与钻孔的土屑混合,边钻边排出泥浆,同时进行孔内补浆。当钻孔达到规定深度后,清除孔底泥渣,然后安放钢筋笼,在泥浆下灌注混凝土而成桩。

1. 泥浆的制备和处理

(1) 泥浆的性能指标

拌制泥浆应根据施工机械、工艺及穿越土层进行配合比设计。膨润土泥浆可按表 4-2 的性能指标制备。

制备泥浆的性能指标 表 4-2

项次	项目	性能指标	检验方法
1	相对密度	1.1~1.15	泥浆密度称
2	黏度	10~25s	500/700L 漏斗法
3	含砂率	<6%	用含砂率计测定
4	胶体率	>95%	量杯法

项次	项目	性能指标	检验方法
5	失水量	<3mL/30min	失水量仪
6	泥皮厚度	1~3mL/30min	失水量仪
7	静切力	$1min20\sim30mg/cm^2$ $10min50\sim100mg/cm^2$	静切力计
8	稳定性	<0.03g/cm^2	稳定性测试仪
9	pH 值	7~9	pH 试纸

（2）泥浆护壁的规定

泥浆护壁应符合下列规定：

1）施工期间护筒内的泥浆面应高出地下水位 1.0m 以上，在受水位涨落影响时，泥浆面应高出最高水位 1.5m 以上。

2）在清孔过程中，应不断置换泥浆，直至浇筑水下混凝土。

3）浇筑混凝土前，孔底 500mm 以内的泥浆相对密度应小于 1.25；含砂率≤8%；黏度≤28s。

4）在容易产生泥浆渗漏的土层中应采取维持孔壁稳定的措施。

（3）废泥浆和钻渣的处理

灌注桩施工时所产生的废弃物有钻孔形成的弃土、变质后不能循环使用的护壁泥浆废液，还有施工结束时所剩余的护壁泥浆。其中任何一种都会对周围环境造成污染。所以，在对废弃物进行处理时应遵循有关环保规定，不能随意排放。

钻孔形成的这些废弃物，其含水量相当高，且因掺有水泥等，使其 pH 值增高。另外，其中还有以膨润土为主的护壁泥浆液复合材料。所以在处理这些废弃物时将产生较大的难度，这是在进行灌注桩施工时应特别注意的问题。

废泥浆和钻渣的处理，主要分为脱水处理和有害杂质的处理两个方面，其主要目的有两个：一是对可以再生利用的废泥浆，将其中土屑、粗粒杂质等钻渣清除后重新利用，以降低工程成本；二是把无法再生利用的废泥浆中所有污染的物质进行全面处理，消除公害，以便能直接排入城市的下水道，减少废泥浆长途运输的麻烦。

废泥浆的脱水处理，首先是通过振动筛等脱水机械排除大颗粒的砂砾，或者对废泥浆的浓度进行调整，然后添加适合各类废泥浆特性的经过特殊配制的促凝剂（通常由两种或两种以上的药品组成），使其与泥浆产生凝结反应，从而使微细的颗粒形成絮凝物沉淀下来，再用脱水机将废泥浆分成水及固态泥土。分离出来的水可直接排放到河流或下水道中去，但其水质必须符合有关排放标准规定，若不符则在排放之前须再进行 pH 值调整等处理。固体状的泥土通常就可直接回填在施工现场，或者选用普通的运输车辆将其运走。

目前大多数工地对废泥浆和钻渣的处理采用简单的办法，即靠沉淀池沉淀一段时间，再用抓斗或人工挖出，放在场地上进行自然脱水，然后再装车外运至指定的弃土堆场。或者将初步沉淀后的厚质的废泥浆用密封的罐车外运，倒入暂无影响的坑或低洼地内。

2. 正反循环钻孔灌注桩施工及施工机械设备

钻孔机具及工艺的选择，应根据桩型、钻孔深度、土层情况、泥浆排放及处理等条件综合确定。对孔深大于 30m 的端承型桩，宜采用反循环工艺成孔或清孔。

（1）施工机械设备

1）正循环钻机。正循环钻机主要由动力机、泥浆泵、卷扬机、转盘、钻架、钻杆、水龙头和钻头等组成。

正循环钻机的特点及适用范围，见表 4-3。

正循环钻机的特点及适用范围　　　　　表 4-3

钻头形式		钻进特点	适用范围
合金全面钻进钻头	双腰带翼状钻头	在钻压和回转扭矩的作用下，合金钻头切削破碎岩土而获得进尺。切削下来的钻渣，由泥浆携出桩孔。对第四系地层的适应性好，回转阻力小，钻头具有良好的扶正导向性，有利于清除孔底沉渣	黏土层、砂土层、砾砂层、粒径小的卵石层和风化基岩

68

钻头形式		钻进特点	适用范围
合金全面钻进钻头	鱼尾钻头	在钻压和回转扭矩的作用下，合金钻头切削破碎岩土而获得进尺。切削下来的钻渣，由泥浆携出桩孔。此种钻头制作简单，但钻头导向性差，钻头直径一般较小，不适宜直径较大的桩孔施工	黏土层和砂土层
合金扩孔钻头		冲洗液顺螺旋翼片之间的空隙上返，形成旋流，流速增大，有利于孔底排渣	黏土层和砂土层
筒状肋骨合金取芯钻头		正要用于某些基岩（如比较完整的砂岩、灰岩等）地层钻进，以减少破碎岩石的体积，增大钻头比压，提高钻进效率	砂土层、卵石层和一般岩石地层
滚轮钻头		滚轮钻头在孔底既有绕钻头轴心的公转，又有滚轮绕自身轴心的自转。钻头与孔底的接触既有滚动又有滑动，还有钻头回转对孔底的冲击振动。在钻压和回转扭矩的作用下，钻头不断冲击、刮断、剪切破碎岩石而获得进尺	软岩、较硬的岩层和卵砾石层，也可用于一般地层
钢粒全面钻进钻头		钢粒钻进利用钢粒作为碎岩磨料达到破碎岩石进尺。泥浆的作用不仅是悬浮携带钻渣、冷却钻头，而且还要将磨小、磨碎失去作用的钢粒从钻头唇部冲出	主要适用于中硬以上的岩层，也可用于大漂砾或大孤石

2）反循环钻机。反循环钻机由钻头、加压装置、回转装置、扬水装置、接续装置和升降装置等组成。

反循环钻机各种钻头的特点和适用范围，见表 4-4。

反循环钻机钻头的特点和适用范围　　　　表 4-4

钻头形式	特点	适用范围
多瓣式钻头（蒜头式钻头）	效率高，使用较多，在 N 值过 40 以上的硬土层中钻挖时，钻头刃口会打滑，无法钻挖	一般土质（黏土、粉土、砂和砂砾层），粒径比钻杆小 10m 左右的卵石层
三翼式钻头	钻头为带有平齿状硬质合金的三叶片	N 值小于 50 的一般土质（黏土、粉土、砂和砂砾层）
四翼式钻头	钻头的刃尖钻挖部分为阶梯式圆筒形，钻挖时先钻一个小圆孔，然后成阶梯形扩大	硬土层，特别是坚硬的砂砾层（无侧限抗压强度小于 1000kPa 的硬土）

钻头形式	特点	适用范围
抓斗式钻头	冲击力大，效率高	用于粒径大于 150mm 的砾石层
圆锥形钻头	成孔好，孔壁光滑，冲击力小	无侧限抗压强度为 1000～3000kPa 的软岩（页岩、泥岩、砂岩）
滚轮式钻头（牙轮式钻头）	钻挖时需加压力 50～200kN，需用容许荷载为 400kN 的旋转连接器和扭矩为 30～80kN·m 的旋转盘。切削刃有齿轮形、圆盘形、钮式滚动切刀形等	特别硬的黏土和砂砾层及无侧限抗压强度大于 2000kPa 的硬岩
并用式钻头	此类钻头是在滚轮式钻头上安装耙形刀刃，无须烦琐地更换钻头，进行一贯的钻挖作业	土层和岩层混合存在的地层
扩孔钻头	形成扩底桩，以提高桩端阻力	专用于一般土层或专用于砂砾层

（2）正反循环钻孔灌注桩施工

1）正循环法施工。正循环法施工是从地面向钻管内注入一定压力的泥浆，泥浆压送至孔底后，与钻孔产生的泥渣搅拌混合，然后经由钻管与孔壁之间的空腔上升并排出孔外，混有大量泥渣的泥浆水经沉淀、过滤并适当处理后，可再次重复使用，如图 4-1 所示。沉淀后的废液或废土可用车运走。正循环法是国内常用的一种成孔方法，这种方法由于泥浆的流速不大，所以出土率较低。

正循环法的泥浆循环系统由泥浆池、沉淀池、循环槽、泥浆泵等设备组成，并有排水、清洗、排污等设施。

2）反循环施工法。反循环法是将钻孔时孔底混有大量的泥渣的泥浆通过钻管的内孔抽吸到地面，新鲜泥浆则由地面直接注入桩孔。反循环吸泥法有三种方式，即空气提浆法、泵举反循环和泵吸反循环，前两种方法较常用。

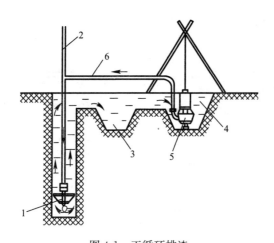

图 4-1 正循环排渣

1—钻头；2—钻杆；3—沉淀池；4—泥浆池；5—泥浆泵；6—送浆管设施

空气提浆反循环法在错管底端喷吹压缩空气，当吹口沉至地下 6～7m 时即可压气作业，气压一般控制在 0.5MPa，由此产生比重较小的空气与泥浆的混合体，形成管内水流上升，即"空气升液"。当钻至设计标高后，钻机停止运转，压气出浆继续工作至泥浆密度达到规定值为止。图 4-2（a）所示的这种方法适用于深孔，排泥及钻孔效果好。对于浅孔，由于吸风时往往会将压缩空气喷出地面，影响排渣效果，故一般在地面下 6m 以上的排渣仍采用正循环方法。

泵举循环法为反循环排渣中最为先进的方法之一，由砂石泵随主机一起潜入孔内，可迅速将切碎泥渣排出孔外，钻头不必将土切碎成为浆状，钻进效率很高。该方法将潜水砂石泵同主机连接，开钻时采用正循环开孔，当钻探超过砂石泵叶轮位置以后，即可启动砂石泵电机，开始反循环作业。当钻至设计标高后，停止钻进，砂石泵继续排泥，达到要求为止，如图 4-2（b）所示。

泵吸反循环则是将钻管上端用软管与离心泵连接，并可连接真空泵，吸泥时是用真空将软管及钻杆中的空气排出，再起动离心泵排渣，如图 4-2（c）所示。

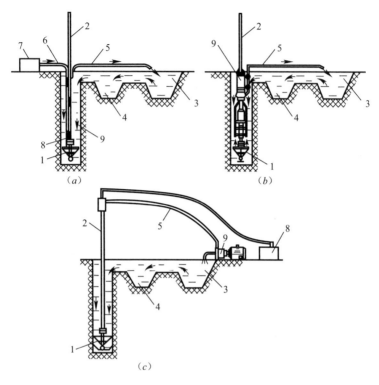

图 4-2　反循环排渣

（a）空气提浆法；（b）泵举反循环；（c）泵吸反循环

1—钻头；2—钻杆；3—沉淀池；4—泥浆池；5—送浆管；6—高压气管；

7—空压机；8—真空泵；9—砂石泵

为保证孔壁稳定，排出泥浆的密度及黏度应予以控制。对于软土地基中不同施工方法的控制指标见表 4-5。

排出孔口泥浆性能技术指标　　　　表 4-5

项次	项目	排出泥浆指标	相对密度
1	相对密度	正循环成孔	≤1.30
		反循环成孔	≤1.15
2	漏斗黏度	正循环成孔	20～26s
		反循环成孔	18～22s

3）施工程序：

① 埋设护筒。泥浆护壁成孔时，宜采用孔口护筒，其作用是保证钻机沿着桩位垂直方向顺利工作，它还起着存贮泥浆，使其高出地下水位和保护桩孔顶部土层不致因钻杆反复上下升降、机身振动而导致塌孔。护筒应按下列规定设置：

A. 护筒埋设应准确、稳定，护筒中心与桩位中心的偏差不得大于 50mm。

B. 护筒一般用 4～8mm 钢板制作，其内径应大于钻头直径 100mm，其上部宜开设 1～2 个溢浆孔。

C. 护筒的埋设深度：在黏性土中不宜小于 1.0m，砂土中不宜小于 1.5m，其高度尚应满足孔内泥浆面高度的要求，一般高出地面或水面 400～600mm。

D. 受水位涨落影响或水下施工的钻孔灌注桩，护筒应加高加深，必要时应打入不透水层。

② 安装钻机。安装正循环钻机时，转盘中心应与钻架上吊滑轮在同一垂直线上，钻杆位置偏差不应大于 20mm。使用带有变速器的钻机，应把变速器板上的电动机和变速器被动轴的轴心设置在同一水平标高上。

③ 钻进：

A. 在松软土层中钻进，应根据泥浆补给情况控制钻进速度；在硬层或岩层中的钻进速度以钻机不发生跳动为准。

B. 为了保证钻孔的垂直度，钻机设置的导向装置应符合下列规定：

a. 潜水钻的钻头上应有不小于 3 倍直径长度的导向装置。

b. 利用钻杆加压的正循环回转钻机，在钻具中应加设扶正器。

C. 加接钻杆时，应先停止钻进，将钻具提离孔底 80～100mm，维持冲洗液循环 1～2min，以清洗孔底，并将管道内的钻渣携出排净，然后停泵加接钻杆。钻杆连接应拧紧上牢，防止螺栓、螺母、拧卸工具等掉入坑内。

D. 钻进过程中如发生斜孔、塌孔和护筒周围冒浆时，应停钻，待采取相应措施后再行钻进。

④ 第一次清孔。清孔处理的目的是使孔底沉渣（虚土）厚度、循环液中含钻渣量和孔壁泥皮厚度符合质量要求或设计要求，也为下一道工序即在泥浆中灌注混凝土创造良好的条件。

当钻孔达到设计深度后应停止钻进，此时稍提钻杆，使钻斗距孔底 10～20cm 处空转，并保持泥浆正循环，将相对密度为 1.05～1.10 的不含杂质的新浆压入钻杆，把钻孔内悬浮较多钻渣的泥浆置换出孔外。清孔应符合下列规定：

A. 孔底 500mm 以内的泥浆相对密度应小于 1.25；含砂率 ≤8%；黏度≤28s。

B. 灌注混凝土之前，孔底沉渣厚度指标应符合下列规定：

a. 端承桩≤50mm。

b. 摩擦端承、端承摩擦桩≤100mm。

c. 摩擦桩≤300mm。

⑤ 测定孔壁回淤厚度。

⑥ 吊放钢筋笼。

⑦ 插入导管。

⑧ 第二次清孔。在第一次清孔达到要求后，由于要安放钢筋笼及导管准备浇筑水下混凝土，这段时间间隙较长，孔底又会产生新的沉渣，所以待安放钢筋笼及导管就绪后，再利用导管进行第二次清孔。清孔方法是液导管顶部安设一个弯头和皮笼，用泵将泥浆压入导管内，再从孔底沿着导管外置换沉渣，渭孔标准是孔深达到设计要求，复测沉渣厚度在 100mm 以内，此时清孔就算完成，立即进行浇筑水下混凝土的工作。

⑨ 灌注水卜混凝土，拔出导管。

⑩ 拔出护筒。

施工程序如图 4-3 所示。

4）施工注意事项：

① 规划布置施工现场时，应首先考虑冲洗液循环、排水、清渣系统的安设，以保证正反循环作业时，冲洗液循环通畅，

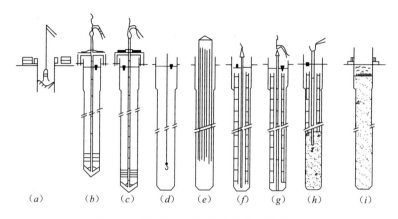

图 4-3 正反循环钻孔灌注桩施工示意图

(a) 埋设护筒；(b) 安装钻机，钻进；(c) 第一次清孔；(d) 测定孔壁；
(e) 吊放钢筋笼；(f) 插入导管；(g) 第二次清孔；
(h) 灌注水下混凝土拔出导管；(i) 拔出护筒

污水排放彻底，钻渣清除顺利。

②应及时清除沉淀于池内的废泥浆和钻渣，并将清出的废泥浆和钻渣及时运出现场，防止污染施工现场及周围环境。

③正反循环钻进操作注意事项：

A. 正循环钻进时，应合理调整和掌握钻进参数，不得随意提动孔内钻具。操作时应掌握升降机钢丝绳的松紧度，以减少钻杆、水龙头晃动。在钻进过程中，应根据不同地质条件，随时检查泥浆指标。

B. 反循环钻进时，应认真仔细观察进尺和砂石泵排水出渣情况。排量减少或出水中含土渣量较多时，应控制钻进速度，防止因循环液密度太大而中断反循环。

(3) 正反循环钻孔灌注桩适用范围

正反循环钻孔灌注桩适用于填土、淤泥、黏土、粉土、砂土、砂砾、软岩和硬岩。反循环钻孔灌注桩不适用于自重湿陷性黄土层及无地下水的地层。正循环桩孔直径一般不宜大于100cm，孔深一般为40m左右，可达100m。

3. 潜水钻成孔灌注桩施工及机械设备

(1) 施工机械设备

1) 潜水钻机。潜水钻机主要由潜水电机、齿轮减速器、密封装置、钻杆、钻头等组成，如图4-4所示。这种钻机的特点是动力、减速机构与钻头紧紧相连在一起，共同潜入水下工作。因此，钻孔效率可相对提高。而且钻杆不需要旋转，除了可减小钻杆的截面以外，还可以尽可能避免因钻杆折断而发生的工程事故。此外，这种钻机噪声较小，操作劳动条件也大有改善。

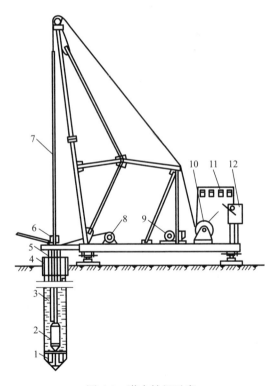

图 4-4 潜水钻机示意

1—钻头；2—潜水钻；3—电缆；4—护筒；5—水管；6—滚轮（支点）；7—钻杆；
8—电缆盘；9—0.5t 卷扬机；10—1t 卷扬机；11—电流电压表；12—启动开关

2）潜水电钻。潜水电钻是将电机、变速器、进水管等组合一体的专用电钻，其上端与钻杆连接，下端与钻头连接。它具有体积小、重量轻、机器结构轻便简单、机动灵活、成孔速度较快等特点，宜用于地下水位高的轻便土层，如淤泥质土、黏性土及沙质土等。潜水电钻构造，如图 4-5 所示。

3）钻头。在不同类别土层中钻进，应采用不同形式的钻头，其形式有笼式钻头（如图 4-6 所示）、筒式钻头及两翼钻头等。

（2）潜水钻成孔灌注桩施工

1）潜水钻成孔施工方法。将电机、变速机构加以密封，并同底部钻头连接在一起，组成一个专用钻具，潜入孔内作业，钻削下来的土块被循环的水或泥浆带出孔外的方法，如图 4-7 所示。

2）施工程序：

① 设置护筒。护筒内径应比钻头直径大 100mm，埋入土中深度不宜小于 1.0m，在护筒顶部应开设 1～2 个溢浆口。

② 安装潜水钻机。

③ 钻进。用第一节钻杆（每节长约5m，按钻进深度用钢销连接）接好钻机，另一端接上钢丝绳，吊起潜水电钻对准护筒中心，慢慢放下至土面。先空转，然后缓慢钻入土中至整个潜水电钻基本入土内，观察检查正常后才开始正式钻进。每钻进一节钻杆，即连接下一节钻杆继续钻进，直至符合要求深度为止。

④ 第一次处理孔底虚土（沉渣）。

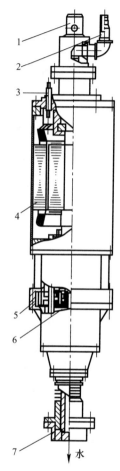

图 4-5　潜水钻机
构造示意

1—提升盖；2—进水管；
3—电缆；4—潜水钻机；
5—行星减速箱；
6—中间进水管；
7—钻头接箍

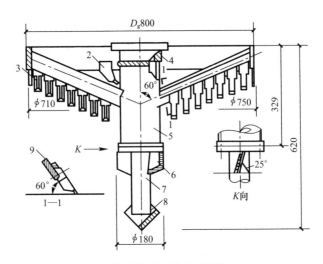

图 4-6 笼式钻头（潜水钻用 Dg800）

1—护圈；2—钩爪；3—腋爪；4—钻头接箍；5、7—岩心管；6—小爪；8—钻尖；9—翼片

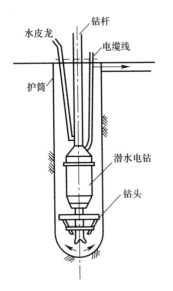

图 4-7 潜水钻成孔法

⑤ 移走潜水钻机。

⑥ 测定孔壁。

⑦ 将钢筋笼放入孔中。

⑧ 插入导管。

⑨ 第二次处理孔底虚土。

⑩ 水下灌注混凝土，拔出导管。

⑪拔出护筒。

施工程序示意，如图4-8所示。

3）施工特点。潜水成孔排泥（渣）有正循环和反循环两种方式，多以正循环方式将水和泥浆排出孔外。

① 正循环排泥法：用潜水泥浆泵把清水和泥浆从钻机中心送水管射向钻头，然后慢慢地下放钻杆至土面钻进。当钻至设计要求深度后，电机可以停止运转，但泥浆泵仍需继续工作，直至孔内泥浆相

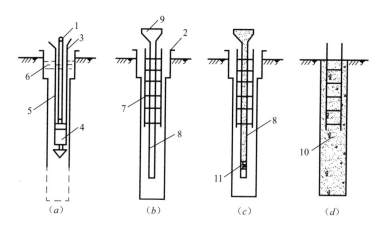

图 4-8　潜水钻成孔灌注桩施工程序示意

(a) 成孔；(b) 插入钢筋笼和导管；(c) 灌注混凝土；(d) 成桩

1—钻杆或悬挂绳；2—护筒；3—电缆；4—潜水电钻；5—输水胶管；6—泥浆；

7—钢筋骨架；8—导管；9—料扣；10—混凝土；11—隔水栓

对密度达 1.1～1.15（视地层情况及钻头钻速而异）时，方可停泵，提升钻机，然后迅速移位。除卵石层外，其余各类地层均可采用此法。

② 反循环排泥法：砂石泵随主机一起潜入孔内，迅速将钻削下来的泥渣排出孔外，不必借助钻头将钻削下来的土块切碎搅动成泥浆，故钻进效率高。开钻时采用正循环开孔，当钻孔深度超过砂石泵叶轮位置后，即可启动砂石泵电机，开始反循环作业。当钻至要求深度后，停止钻进，砂石泵继续排泥，直至规定密度为止。

4）施工注意事项：

① 将电钻吊入护筒内，应关好钻架底层的铁门。启动砂石泵，使电钻空钻，待泥浆输入钻孔后开始钻进。

② 钻进速度应根据土层类别、孔径大小、钻孔深度和供水量等确定：在淤泥和淤泥质土中的钻进速度不宜大于 1m/min，在其他土层中的钻进速度一般不超过钻机负荷，在强风化岩或其他硬土层中的钻进速度以钻机不产生跳动为准。此外，钻进

速度还要与制浆、排泥能力相适应，一般钻进速度要低于供泥浆和排泥速度，以避免造成埋钻。

③ 随时注意钻机操作时有无异常情况，如发现电流值异常升高、钻机摇晃、跳动或钻进困难时，要放慢进度，待穿过硬层或不均匀土层后方可正常钻进。

④ 钻孔过程中应严格控制护筒内外水位差，必须使孔内水位高于地下水位，以防塌孔。

⑤ 清孔：对原土造浆的钻孔，在钻达设计深度时，可使钻机空钻不进尺，同时射水，待孔底残余的土块已磨成泥浆，排出泥浆相对密度达 1.1 左右或以手触泥浆无颗粒感时，即可认为清孔已合格。对注入制备泥浆的钻孔，可采用换浆法清孔，至换出泥浆相对密度小于 1.15～1.25 时为合格。孔底沉渣厚度应符合：端承桩不大于 50mm；摩擦端承、端承摩擦桩不大于 100mm；摩擦桩不大于 300mm。清孔完毕，立即灌注水下混凝土。

⑥ 对使用泥浆的要求：在黏土、亚黏土层中钻孔时，可注入清水，以原土造浆护壁、排泥。当穿过砂类层穿孔时，为防止塌孔宜加入适量黏土以增大泥浆稠度，如砂类层较厚，或在砂土中钻孔，应采用制备泥浆。泥浆的浓度应控制适当，注入干净泥浆的相对密度应控制在 1.1 左右，排出的泥浆相对密度宜为 1.2～1.4。当穿过砂类卵石层等容易塌孔的土层时，泥浆的相对密度可增大至 1.3～1.5。在施工过程中，应勤测泥浆密度，并应定期测定黏度、含砂量和胶体率。

4. 冲击成孔灌注桩施工及机械设备

(1) 施工机械设备

1）冲击钻机。冲击钻机主要由桩架（包括卷扬机）、冲击钻头、掏渣筒、转向装置和打捞装置等组成。冲击钻机常用型号有 CZ 型及 YKC 型。

2）冲击钻头。冲击式钻头有十字形、Y 形、一字形及工字形等多种形式，如图 4-9 所示。一般采用锻制或铸钢制成，可用

T8 号钢焊在端部，形成破岩能力的钻刃。冲钻质量一般为 0.5～3t，并可按不同孔径制作。

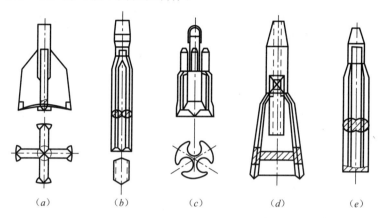

图 4-9　冲击式钻头示意

(a) 十字形钻头；(b) Y 形钻头；(c) 一字形钻头；(d) 工字形钻头；(e) 圆形钻头

3）掏渣筒。掏渣筒的主要作用是捞取被冲击钻头破碎后的孔内钻渣。它主要由提梁、管体、阀门和管靴等组成。阀门有多种形式，常用的碗形活门、单扇活门和双扇活门等，如图 4-10 所示。

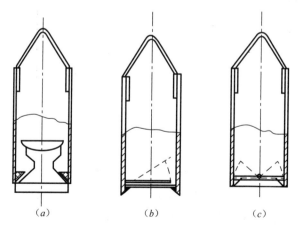

图 4-10　掏渣筒构造示意

(a) 碗形活门；(b) 单扇活门；(c) 双扇活门

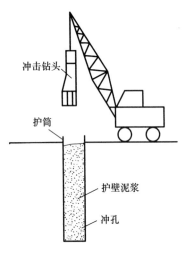

冲击钻头

护筒

护壁泥浆

冲孔

图 4-11 冲击钻成孔施工法

(2) 冲击钻孔灌注桩的施工

1）冲击钻成孔施工法。冲击钻成孔施工法，是采用冲击式钻机或卷扬机带动一定重量的冲击钻头，在一定的高度内使钻头提升，然后突然使钻头自由降落，利用冲击动能冲挤土层或破碎岩层形成桩孔，再用掏渣筒或其他方法将钻渣岩屑排出，如图 4-11 所示。每次冲击之后，冲击钻头在钢丝绳转向装置带动下转动一定的角度，从而使桩孔得到规则的圆形断面。

2）施工程序

① 设置护筒：

A. 冲孔桩的孔口应设置护筒，其内径应大于钻头直径 200mm。

B. 护筒埋设可用加压、振动、锤击等方法。

C. 护筒的埋设深度：在黏性土中不宜小于 1.0m，砂土中不宜小于 1~5m，其高度尚应满足孔内泥浆面高度的要求。

D. 受水位涨落或水下施工的成孔灌注桩影响，护筒应加高加深，必要时应打入不透水层。

② 安装冲击钻机。在钻头锥顶和提升钢丝绳之间应设置保证钻头自转向的装置，以防产生梅花孔。

③ 冲击钻进：

A. 开孔时，应低锤密击，如表土为淤泥、细砂等软弱土层，可加黏土块夹小片石反复冲击造壁，孔内泥浆面应保持稳定。

B. 在各种不同的土层、岩层中钻进时，可按照表 4-6 进行。

冲击成孔操作要点   表 4-6

项目	操作要点	备注
在护筒刃脚以下2m以内	小冲程 1m 左右，泥浆相对密度 12～15，软弱层投入黏土块夹小片石	土层不好时提高泥浆相对密度或加黏土块
黏性土层	中、小冲程 1～2m，泵入清水或稀泥浆，经常清除钻头上的泥块	防黏钻可投入碎砖石
粉砂或中粗砂层	中冲程 2～3m，泥浆相对密度 12～15，投入黏土块，勤冲勤掏渣	
砂卵石层	中、高冲程 2～4m，泥浆相对密度 13 左右，勤掏渣	
软弱土层或塌孔回填重钻	小冲程反复冲击，加黏土块夹小片石，泥浆相对密度 13～15	

注：此表只适用于冲程较大的简易冲击钻机，对 YKC 型并不适用。

  C. 进入基岩后，应低锤冲击或间断冲击，如发现偏孔应回填片石至偏孔上方 300～500mm 处，然后重新冲孔。

  D. 遇到孤石时，可预爆或用高低冲程交替冲击，将大孤石击碎或挤入孔壁。

  E. 必须采取有效的技术措施，以防扰动孔壁造成塌孔、扩孔、卡钻和掉钻。

  F. 每钻进 4～5m 深度验孔一次，在更换钻头前或容易缩孔处，均应验孔。

  G. 进入基岩后，每钻进 100～500mm 应清孔取样一次（非桩端持力层为 300～500mm，桩端持力层为 100～300mm），以备终孔验收。

  ④ 清除沉渣。排渣可采用泥浆循环或抽渣筒等方法，如用抽渣筒排渣应及时补给泥浆。

  ⑤ 第一次清孔，与正反循环钻孔灌注桩相同。

  A. 对不易塌孔的桩孔，可用空气吸泥清孔。

  B. 稳定性差的孔壁应用泥浆循环或抽渣筒排渣。

  C. 清孔时，孔内泥浆面应高出地下水位 1.0m 以上，在受水位涨落影响时，泥浆面应高出最高水位 1.5m 以上。

  ⑥ 检测孔壁。

⑦ 将钢筋笼安放孔中。

⑧ 插入导管。

⑨ 第二次清孔，与正反循环钻孔灌注桩相同。

⑩ 水下灌注混凝土，拔出导管。

⑪ 拔出护筒。

3）施工注意事项：

① 冲击成孔中遇到斜孔、弯孔、梅花孔、塌孔、护筒周围冒浆等情况时，应停止施工，采取措施后再行施工。

② 大直径桩孔可分级成孔，第一级成孔直径为设计直径的 3/5～4/5。

③ 应及时将废泥浆和钻渣运出现场，防止污染施工现场及周围环境。

(3) 冲击钻孔灌注桩适用范围

冲击钻孔灌注桩适用于黏土、粉土、填土、淤泥、砂土和碎石土层以及砾卵石层、岩溶发育岩层和裂隙发育的地层。桩孔直径一般为 60～150cm，最大可达 250cm，孔深一般约为 50m，可超过 100m。

5. 水下混凝土的浇筑

钢筋笼吊装完毕，应进行隐蔽工程验收，合格后立即浇筑水下混凝土。

(1) 水下混凝土的配合比

水下混凝土必须具备良好的和易性，配合比应通过试验确定，混凝土坍落度宜为 18～22cm。

1）水泥。水泥一般采用硅酸盐水泥或普通硅酸盐水泥，水泥强度等级不宜低于 32.5MPa，水泥用量不少于 360kg/m³。

2）细骨料。水下混凝土宜选用级配合理、质地坚硬、粒料洁净的中粗砂，含砂率宜为 40%～50%。

3）粗骨料。水下混凝土的粗骨料，宜选用坚硬卵砾石或碎石，最大粒径应小于 40mm，有条件时可采用二级配。

4）外加剂。为改善和易性和缓凝，水下混凝土宜掺入外加剂。常用的外加剂有减水剂、缓凝剂和早强剂等。在掺入外加剂前，必须先经过试验，确定外加剂的种类、掺入量及掺入程序。

（2）主要机具

水下混凝土浇筑的主要机具包括：导管、漏斗和隔水栓等。

1）导管。导管一般用无缝钢管制作或钢板卷制焊成。导管壁厚不宜小于 3mm，直径宜为 200～250mm，直径制作偏差不应超过 2mm，导管的分节长度视工艺要求确定，底管长度不宜小于 4m，接头宜用法兰或双螺纹方扣快速接头，如图 4-12 所示。

导管提升时，不得挂住钢筋笼，为此可设置防护三角形加劲板或设置锥形法兰护罩，如图 4-13 所示。

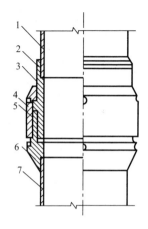

图 4-12　导管螺纹接头示意

1—导管；2—卡簧；
3—插口管；4—螺母；
5—"O"形密封圈；
6—承口管；7—导管

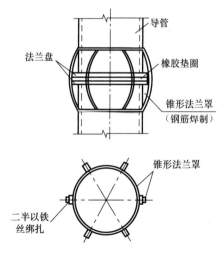

图 4-13　锥形法兰罩示意

导管使用前应试拼装、试压，试水压力为 0.6～1.0MPa，不漏水为合格。

常用导管的技术性能、规格和适用桩径，见表 4-7。

常用导管规格、适用桩径和技术性能　　　　　　表 4-7

导管内径 （mm）	适用桩径 （mm）	灌注混凝土能力 （m³/h）	导管壁厚（mm）		连接方式	备注
			无缝钢管	钢板卷管		
200	600～1200	10	8～9	4～5	丝扣或法兰法兰或插接	导管的连接和卷制焊缝必须密封，不得漏水
230～255	800～1800	15～17	9～10	5		
300	>1500	25	10～11	6		

2）漏斗。漏斗可用 4～6mm 钢板制作，安装于导管顶部，用于接盛、泄漏混凝土，要求不漏浆、不挂浆、漏泄顺畅彻底。漏斗设置高度应适应操作的需要，并应在灌注到最后阶段，特别是灌注接近到桩顶部位时，能满足对导管内混凝土柱高度的需要，保证上部桩身的灌注质量。底部锥体的夹角不宜大于 80°。

3）隔水栓。隔水栓置于导管内，在初始灌注混凝土时，一般采用强度等级为 C20 的混凝土制作，宜制成圆柱形，其直径宜比导管内径小 20mm，其高度宜比直径大 50mm，采用 4mm 厚的橡胶垫圈密封，如图 4-14 所示。使用的隔水栓应有良好的隔水性能，保证顺利出水。

也有工程采用厚度较大的橡胶球胆，充气后放入导管，当混凝土冲击导管后球胆会浮起，可重复利用，简便可行，但必须防止球胆在管内破裂故应慎用。

（3）浇筑水下混凝土

水下混凝土灌注示意，如图 4-15 所示。

1）施工程序：

① 安设导管。

② 放置隔水栓，使隔水栓与导管内水面紧贴。

③ 灌注首批混凝土。

④ 剪断铁丝，使隔水栓下落至孔底。

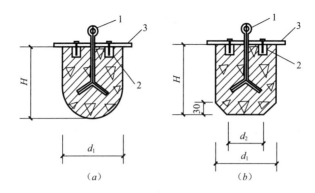

图 4-14 混凝土隔水栓示意

（a）圆底形；（b）锥底形

1—吊钩（ϕ6 钢筋）；2—预埋木块；3—橡皮垫（δ=4mm）；

图中 $d_1=d-20$；$d_2=d-60$；$H=d+50$（d 为导管内径）

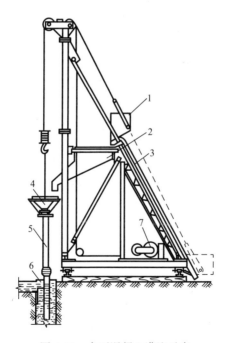

图 4-15　水下混凝土灌注示意

1—进料斗；2—贮料斗；3—滑道；4—漏斗；5—导管；6—护筒；7—卷扬机

⑤ 连续灌注混凝土，提升导管。

⑥ 混凝土灌注完毕，拔出护筒。

隔水栓式导管法浇筑水下混凝土的施工程序，如图 4-16 所示。

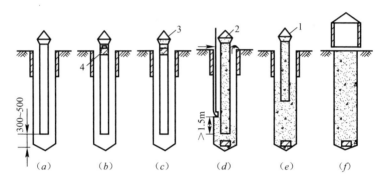

图 4-16　隔水栓式导管法施工程序

(a) 安设导管（导管底部与孔底之间预留出 300～500mm 空隙）；

(b) 悬挂隔水栓，使其与导管水面紧贴；(c) 灌入首批混凝土；

(d) 剪断铁丝，隔水栓下落孔底；(e) 连续灌注混凝土，上提导管；

(f) 混凝土灌注完毕，拔出护筒

1—漏斗；2—灌注混凝土过程中排水；3—测绳；4—隔水栓

2）浇筑混凝土：

① 浇筑首批混凝土。开始浇筑混凝土时，距离宜为 300～500mm，桩直径小于 600mm 时，可适当加大导管底部至孔底距离。

混凝土灌入前应先在漏斗内灌入 0.1～0.2m³ 的 1∶1.5 水泥砂浆，然后再灌入混凝土。

混凝土初灌量应能保证混凝土灌入后导管埋入混凝土深度为不少于 0.8～1.3m，使导管内混凝土柱和管外泥浆压力平衡。

待初灌混凝土足量后，方可截断隔水塞的系结铁丝将混凝土灌至孔底。

② 导管埋深。导管埋入混凝土的深度愈大，则混凝土扩散愈均匀，密实性愈好，其表面也较平坦；反之，混凝土扩散不均匀，表面坡度较大，易于分散离析，影响质量。埋入深度与

混凝土浇筑速度有关。

为防止导管拔出混凝土面造成断桩事故，导管埋深宜为 2～3m，最小埋入深度不得小于 1m，同时也要防止埋管太深造成埋管事故。导管应勤提勤拆，一次提管高度不得超过 6m。

③ 连续浇筑混凝土。首批水下混凝土浇筑正常后，必须连续施工，不得中断。否则先浇筑的混凝土达到初凝，将阻止后浇筑的混凝土从导管中流出，造成断桩。

④ 浇筑时间。每根桩的浇筑时间按初盘混凝土的初凝时间控制，必要时可适量掺入缓凝剂。混凝土的适当浇筑时间，见表 4-8。

水下混凝土适当浇筑时间 表 4-8

桩长（m）	≤30		30～50			50～70			70～100		
浇筑量（m³）	≤40	40～80	≤40	40～80	80～120	≤50	50～100	100～160	≤60	60～120	120～200
适当浇筑时间（h）	2～3	4～5	3～4	5～6	6～7	3～5	6～8	7～9	4～6	8～10	10～12

⑤ 控制桩顶标高。当浇筑接近桩顶部位时，应控制最后一次浇筑量，使桩顶的浇筑标同 0.5～0.8m，以便凿除桩顶部的泛浆层后达到设计标高的要求，且必须使混凝土达到强度设计值。

3）浇筑混凝土施工注意事项：

① 浇筑水下混凝土施工时，严禁导管提出混凝土面，应有专人测量导管埋深及管内外混凝土面的高差，填写水下混凝土浇筑记录。

② 在浇筑过程中，当导管内混凝土不满含空气时，后续的混凝土宜通过溜槽慢慢地注入漏斗和导管，不得将混凝土整斗从上面倾入导管内，以免在导管内形成高压气囊，挤出管节间的橡胶垫而使导管漏水。

③ 对浇筑过程中的一切故障均应记录备案。

（三）沉管灌注桩和内夯灌注桩施工及机械设备

1. 锤击沉管灌注桩施工及机械设备

（1）施工机械设备

1）锤击沉管打桩机。

滚管式锤击沉管打桩机，如图 4-17 所示。

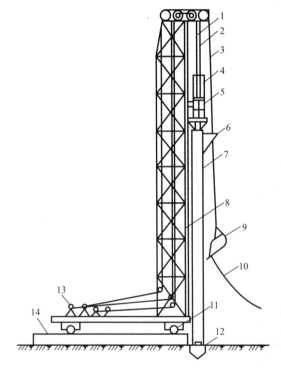

图 4-17　滚管式锤击沉管打桩机

1—桩锤钢丝绳；2—桩管滑轮组；3—吊斗钢丝绳；4—桩锤；5—桩帽；
6—混凝土漏斗；7—桩管；8—桩架；9—混凝土吊斗；10—回绳；
11—行驶用钢管；12—预制桩靴；13—卷扬机；14—枕木

2）桩锤。锤击沉管桩机一般采用电动落锤、柴油机落锤和蒸汽锤三种。不同型号的柴油锤，适用于不同类型的锤击沉管打桩机。

3）桩管与桩尖：

① 桩管宜采用无缝钢管，钢管直径一般为 273～600mm。桩管与桩尖接触部分宜用环形钢板加厚，加厚部分的最大外径应比桩尖外径小 10～20mm。桩管的表面应焊有表示长度的数字，以便在施工中进行人工入土深度的观测。

② 桩尖可采用混凝土预制桩尖、活瓣桩尖和封口桩尖等，如图 4-18～图 4-20 所示。一般情况下不宜选用活瓣桩尖，如果必须采用时，活瓣桩尖应有足够的刚度和强度，且活瓣之间应紧密贴合。不得有较大的缝隙。活瓣桩尖在活瓣合拢后，其尖端应在桩管中轴线上。活瓣必须张闭灵活，否则易造成质量问题。采用钢筋混凝土桩尖时，在桩管下端与桩尖接触处，应绕草绳。桩尖入土如有损坏时，应将桩管拔出，用土或砂填实，另换新的重新打入。当采用活瓣式桩尖时，在沉管过程中，如水或泥浆有可能进入桩管时，应在桩管中灌入一部分混凝土方可沉入桩管。

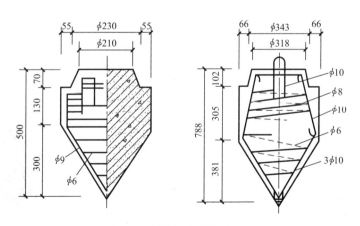

图 4-18　混凝土预制桩尖示意

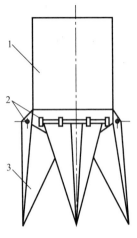 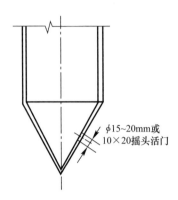

图 4-19　活瓣桩尖示意　　　　图 4-20　封口桩尖示意
1—桩管；2—锁轴；3—活瓣

（2）锤击沉管灌注桩的施工

1）锤击沉管施工法，是利用桩锤将桩管和预制桩尖（桩靴）打入土中，边拔管、边振动、边灌注混凝土、边成桩。在拔管过程中，由于保持对桩管进行连续低锤密击，使钢管不断得到冲击振动，从而密实混凝土。锤击沉管灌注桩的施工应该根据土质情况和荷载要求，分别选用单打法、复打法、反插法。

当采用单打法工艺时，预制桩尖直径、桩管外径和成桩直径的配套选用，见表 4-9。

2）施工程序：

① 桩机就位。将桩管对准预先埋设在桩位上的预制桩尖或将桩管对准桩位中心，把桩尖活瓣合拢，再放松卷扬机钢丝绳，利用桩机和桩管自重，把桩尖竖直地压入土中。

单打法工艺预制桩尖直径、桩管外径和成桩直径关系表　　表 4-9

预制桩尖直径（mm）	桩管外径（mm）	成桩直径（mm）
340	273	300
370	325	350

预制桩尖直径（mm）	桩管外径（mm）	成桩直径（mm）
420	377	400
480	426	450
520	480	500

在预制桩尖与钢管接口处应垫有稻草绳或麻绳，以作缓冲层和防止地下水进入桩管。

② 锤击沉管。检查桩管与桩锤、桩架等是否在一条垂直线上。在桩管垂直度偏差小于等于 5‰后，即可用桩锤先低锤轻击桩管，观察偏差在容许范围内，再正式施打，直至将桩管打入至设计标高或要求的贯入度。

③ 第一次灌注混凝土。沉管至设计标高后，应立即灌注混凝土，尽量减少间隔时间。在灌注混凝土之前，必须先检查桩管内没有吞食桩尖，并用吊锤检查桩管内无泥浆或无渗水后，再用吊斗将混凝土通过灌注漏斗灌入桩管内。

④ 边拔管、边锤击、边继续灌注混凝土。将混凝土灌满桩管后，便可开始拔管。一边拔管，一边锤击。拔管的速度要均匀，对一般土层以 1m/min 为宜，在软弱土层和软硬土层交界处宜控制在 0.3～0.8m/min。采用倒打拔管的打击次数，单动汽锤不得少于 50 次/min，自由落锤轻击（小落距锤击）不得少于 40 次/min；在管底未拔至桩顶设计标高之前，倒打和轻击不得中断。在拔管过程中应向桩管内继续灌入混凝土，以满足灌注量的要求。

⑤ 安放钢筋笼，继续灌注混凝土，成桩。当桩身配钢筋笼时。第一次混凝土应先灌至笼底标高，然后放置钢筋笼，再灌混凝土至桩顶标高。第一次拔管高度应控制在能容纳第二次所需灌入的混凝土量为限，不宜拔得过高。在拔管过程中应有专用测锤或浮标检查混凝土面的下降情况。

锤击沉管灌注桩施工程序，如图 4-21 所示。

3）锤击沉管法施工注意事项

① 群桩基础和桩中心距小于 4 倍桩径的桩基，应提出保证

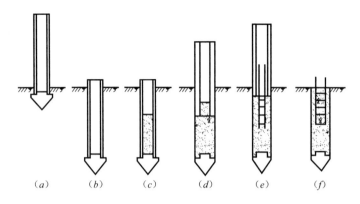

图 4-21　锤击沉管灌注桩施工程序示意

(a) 就位；(b) 锤击沉管；(c) 首次灌注混凝土；(d) 边拔管、边锤击、
边继续灌注混凝土；(e) 安放钢筋笼，继续灌注混凝土；(f) 成桩

相邻桩桩身质量的技术措施。

②　混凝土预制桩尖或钢桩尖的加工质量和埋设位置应与设计相符，桩管与桩尖的接触应有良好的密封性。

③　沉管全过程必须有专职记录员做好施工记录；每根桩的施工记录均应包括每米的锤击数和最后 1m 的锤击数；必须准确测量最后 3 阵，每阵 10 锤的贯入度及落锤高度。

④　混凝土的充盈系数不得小于 1.0，对于混凝土充盈系数小于 1.0 的桩，宜全长复打，对可能有断桩和缩颈桩，应采用局部复打。成桩后的桩身混凝土顶面标高应不低于设计标高 500mm。全长复打桩的入土深度宜接近原桩长，局部复打应超过断桩或缩颈区 1m 以上。

⑤　全长复打桩施工时应遵守下列规定：

A. 第一次灌注混凝土应达到自然地面。

B. 应随拔管随清除粘在管壁上和散落在地面上的泥土。

C. 前后二次沉管的轴线应重合。

D. 复打施工必须在第一次灌注的混凝土初凝之前完成。

⑥　当桩身配有钢筋时，混凝土的坍落度宜采用 8～10cm，素混凝土桩宜采用 6～8cm。

(3) 锤击沉管灌注桩适用范围

锤击沉管灌注桩可穿越一般黏性土、粉土、淤泥质土、淤泥、松散至中密的砂土及人工填土等土层，不宜用于标准贯入击数 $N>$ 12 的砂土、$N>15$ 的黏性土及碎石土。在厚度较大、含水量和灵敏度高的淤泥等软土层中使用时，必须采取保证质量措施，并经工艺试验成功后才可使用。当地基中存在承压水层时，应谨慎使用。

2. 振动、振动冲击沉管灌注桩施工及机械设备

(1) 振动、振动冲击沉管灌注桩施工机械设备

1) 振动沉管机。如图 4-22 所示。

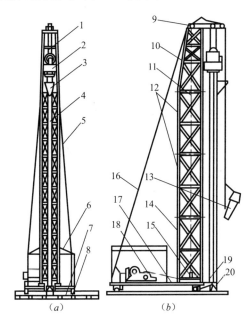

图 4-22　振动沉管机示意

(a) 正面；(b) 侧面

1—滑轮组；2—振动锤；3—漏斗口；4—桩管；5—前拉索；6—遮栅；7—滚筒；
8—枕木；9—架顶；10—架身顶段；11—钢丝绳；12—架身中段管；13—吊斗；
14—架身下段管；15—导向滑轮；16—后拉索；17—架底；18—卷扬机；
19—加压滑轮；20—活瓣桩尖

2）振动沉拔桩锤。振动沉拔桩锤具有沉桩和拔桩双重作用。按动力可分为电动振动桩锤和液压电动桩锤，电动振动桩锤的构造，如图4-23所示。

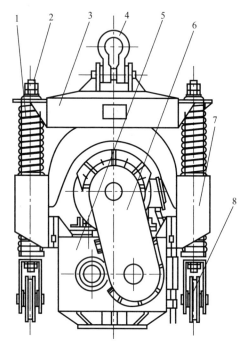

图4-23 电动振动桩锤构造示意
1—弹簧；2—竖轴；3—横梁；4—起吊环；5—振动器；
6—罩壳；7—吸振架；8—加压滑轮

3）桩管与桩尖。振动、振动冲击桩机采用的桩管与桩尖同锤击沉管桩机。

4）振动冲击沉管桩机。振动冲击沉管桩机采用振动冲击锤作为动力，施工时以振动力和打击力联合作用，将桩管沉入土中，在达到设计标高后，向管内灌入混凝土，然后边振动边上拔桩管成桩。

5）振动冲击桩锤。振动冲击锤构造，见图4-24所示。

（2）振动、振动冲击沉管灌注桩的施工

1）振动、振动冲击沉管施工法。振动沉管施工法，是在振动锤竖直方向往复振动作用下，桩管也以一定的频率和振幅产生竖向往复振动，减少桩管与周围土体间的摩阻力，当强迫振动频率与土体的自振频率相同时（砂土自振频率为 $900\sim1200r/min$，黏性土自振频率为 $600\sim700r/min$），土体结构因共振而破坏。与此同时，桩管受加压作用而沉入土中，在达到设计要求深度后，边拔管、边振动、边灌注混凝土、边成桩。

振动冲击施工法是利用振动冲击锤在冲击和振动的共同作用下，桩尖对四周的土层进行挤压，改变土体结构排列，使周围土层挤密，桩管迅速沉入土中，在达到设计标高后，边拔管、边振动、边灌注混凝土、边成桩。

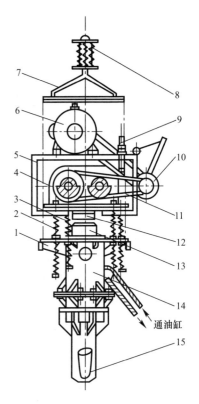

图 4-24 振动冲击锤构造示意
1—底座；2—工作弹簧；3—减振弹簧；
4—振动箱；5—支架托；
6—电动机；7—吊环；8—缓冲架；
9—压轮；10—离合器；11—三角传动带；
12—上锤钻；13—下锤钻；
14—液压夹头；15—桩管

振动、振动冲击沉管施工法一般有单打法、反插法、复打法等。应根据土质情况和荷载要求分别选用。单打法适用于含水量较小的土层，且宜采用预制桩尖；反插法及复打法适用于软弱饱和土层。

① 单打法：即一次拔管法。拔管时每提升 $0.5\sim1m$，振动

5～10s，再拔管 0.5～1m，如此反复进行，直至全部拔出为止，一般情况下振动沉管灌注桩均采用此法。

② 复打法：在同一桩孔内进行两次单打，即按单打法制成桩后再在混凝土桩内成孔并灌注混凝土。采用此法可扩大桩径，大大提高桩的承载力。

③ 反插法：将套管每提升 0.5m，再下沉 0.3m，反插深度不宜大于活瓣桩尖长度的 2/3，如此反复进行，直至拔离地面。此法也可扩大桩径，提高桩的承载力。

2）施工程序

① 桩机就位。将桩管对准预先埋设在桩位上的预制桩尖（采用钢筋混凝土封口桩尖）或将桩管对准桩位中心，把桩尖活瓣合拢（采用活瓣桩尖），然后放松卷扬机钢丝绳，利用桩机和桩管自重，把桩尖竖直压入土中。

② 振动沉管。开动振动锤，同时放松滑轮，使桩管逐渐下沉，并开动加压卷扬机，通过加压钢丝绳对钢管加压。当桩管下沉至设计标高后，停止振动器的振动。

③ 第一次灌注混凝土。利用吊斗向桩管内灌注混凝土。

④ 边拔管、边振动、边灌注混凝土。当混凝土灌满后即可拔管。振动沉管灌注桩拔管时，应先启动振动打桩机，振动片刻后再开始拔管，并应在测得桩尖活瓣确已张开，或钢筋混凝土桩尖确已脱离，混凝土已从桩管中流出后，方可继续拔出桩管。拔管速度应控制在 1.5m/min 以内，边拔边振，边向管内继续灌注混凝土，以满足灌注量的要求。每拔起 50cm，即停拔，再振动片刻，如此反复进行，直至将桩管全部拔出。在淤泥层中，为防止缩颈，宜上下反复沉拔。相邻的桩施工时，其间隔时间不得超过水泥的初凝时间，中途停顿时，应将桩管在停顿前先沉入土中。振动冲击沉管灌注桩拔管速度应在 1m/min 以内。桩锤上下冲击的次数不得少于 70 次/min；但在淤泥层和淤泥质软土中，其拔管速度不得大于 0.8m/min。拔管时，应使桩锤连续冲击至桩管全部从土中拔出为止。

⑤ 安放钢筋笼或插筋，成桩。当桩身配钢筋笼时，第一次混凝土应先灌至笼底标高，然后安放钢筋笼，再灌注混凝土至桩顶标高。

振动、振动冲击沉管灌注桩施工程序，如图 4-25 所示。

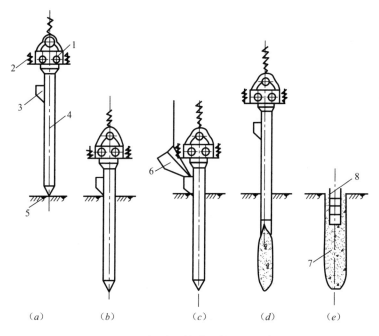

图 4-25　振动沉管灌注桩施工程序

（a）桩机就位；（b）振动沉管；（c）第一次灌注混凝土；

（d）边拔管、边振动、边继续灌注混凝土；（e）成桩

1—振动锤；2—加压减振弹簧；3—加料口；4—桩管；5—活瓣桩尖；

6—上料斗；7—混凝土桩；8—短钢筋骨架

3）振动、振动冲击沉管灌注桩施工注意事项：

① 单打法施工应遵守下列规定：

A. 必须严格控制最后 30s 的电流、电压值，其值按设计要求或根据试桩和当地经验确定。

B. 桩管内灌满混凝土后，先振动 5～10s，再开始拔管，应

边振边拔，每拔 0.5～1.0m 停拔振动 5～10s，如此反复，直至桩管全部拔出。

C. 在一般土层内，拔管速度宜为 1.2～1.5m/min，用活瓣桩尖时宜慢，用预制桩尖时可适当加快。在软弱土层中，宜控制在 0.6～0.8m/min。

② 反插法施工应符合下列规定：

A. 桩管灌满混凝土之后，先振动再拔管，每次拔管高度 0.5～1.0m，反插深度 0.3～0.5m；在拔管过程中，应分段添加混凝土，保持管内混凝土面始终不低于地表面或高于地下水位 1.0～1.5m，拔管速度应小于 0.5m/min。

B. 在桩尖处的 1.5m 范围内，宜多次反插以扩大桩的端部断面。

C. 穿过淤泥夹层时，应当放慢拔管速度，并减少拔管高度和反插深度，在流动性淤泥中不宜使用反插法。

③ 混凝土的充盈系数不得小于 1.0，对于混凝土充盈系数小于 1.0 的桩，宜全长复打，对可能有断桩和缩颈桩，应采用局部复打。成桩后的桩身混凝土顶面标高应不低于设计标高 500mm。全长复打桩的入土深度宜接近原桩长，局部复打应超过断桩或缩颈区 1m 以上。

全长复打桩施工时应遵守下列规定：

A. 第一次灌注混凝土应达到自然地面。

B. 拔管过程中随时清除粘在管壁上和散落在地面上的泥土。

C. 前后两次沉管的轴线重合。

D. 复打施工必须在第一次灌注的混凝土初凝之前完成。

(3) 振动、振动冲击沉管灌注桩的适用范围

振动、振动冲击沉管灌注桩的适用范围与锤击沉管灌注桩基本相同，但其贯穿砂土层的能力较强，还适用于稍密碎石土层。振动冲击沉管灌注桩也可用于中密碎石土层和强风化岩层。在饱和淤泥等软弱土层中使用时，必须采取保证质量措施，并经工艺试验成功后才可使用。当地基中存在承压水层时，应谨慎使用。

3. 夯压成型灌注桩施工及机械设备

（1）夯压成型灌注桩的施工机械设备

夯扩桩可采用静压或锤击沉桩机械设备。

1）静压法沉桩机械设备。静压法沉桩机械设备由桩架、压液或液压抱箍、桩帽、卷扬机、钢索滑轮组或液压千斤顶等组成，如图 4-26 所示。

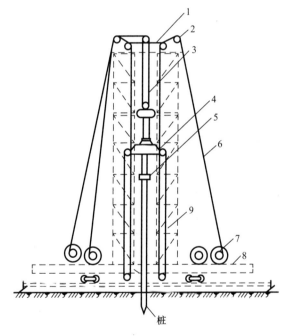

图 4-26 静压法桩机示意

1—桩架顶梁；2—导向滑轮；3—提升滑轮组；4—压梁；5—桩帽；
6—钢丝绳；7—卷扬机；8—底盘；9—压桩滑轮组

压桩时，开动卷扬机，通过桩架顶梁逐步将压梁两侧的压桩滑轮组钢索收紧，并通过压梁将整个压桩机的自重和配重施加在桩顶上，把桩逐渐压入土中。

2）锤击沉桩机械设备，可参见锤击沉管灌注桩的施工及施工机械设备。

（2）夯压成型灌注桩的施工

1）施工程序

① 设置管塞。在桩心位置上放置钢筋混凝土预制管塞。

② 放内外管。在预制管塞上放置外管，同时把内夯管放在外管内。

③ 静压或锤击。静压或锤击外管和内夯管，使其沉入设计深度。

④ 抽出内管。把内夯管从外管中抽出。

⑤ 灌入部分混凝土。灌入夯扩部分的混凝土（高度为 H）。

⑥ 放大内夯管，稍提外管。把内夯管放入外管内，然后将外管拔起相应高度。

⑦ 静压或锤击。静压或锤击内夯管，将外管内的混凝土压出或夯出管外。

⑧ 内外管沉入设计深度。在静压或锤击作用下，使外管与内夯管同步沉入规定深度。

⑨ 拔出内管。把内夯管从外管内拔出。

⑩ 灌满桩身混凝土。向外管内灌满桩身部分所需的混凝土。

⑪ 上拔外管。将顶梁或桩锤和内夯管压在桩身混凝土上，上拔外管。

⑫ 拔出外管，成桩。将外管拔出，混凝土成桩。

夯压成型灌注桩的施工程序，如图 4-27 所示。

2）注意事项

① 夯扩桩可采用静压或锤击沉管进行夯压、扩底、扩径。内夯管比外管短 100mm，内夯管底端可采用闭口平底或闭口锥底，如图 4-28 所示。

② 沉管过程，外管封底可采用干硬性混凝土、无水混凝土，经夯击形成阻水阻泥管塞，其高度一般为 100mm。当不出现由

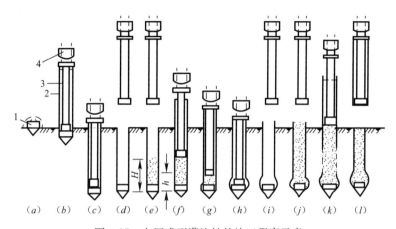

图 4-27　夯压成型灌注桩的施工程序示意

(a) 设置管塞；(b) 放内外管；(c) 静压或锤击；(d) 抽出内管；
(e) 灌入部分混凝土；(f) 放入内管，稍提外管；(g) 静压或锤击；
(h) 内外管沉入设计深度；(i) 拔出内管；(j) 灌满桩身混凝土；
(k) 上拔外管；(l) 拔出外管，成桩

1—顶梁或桩锤；2—内夯管；3—外管；4—管塞

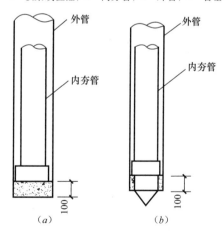

图 4-28　内外管及管塞

(a) 平底内夯管；(b) 锥底内夯管

内、外管间隙涌水、涌泥时，也可不采用上述封底措施。

③ 桩端夯扩头平均直径可按下列公式估算：

一次夯扩 $\quad D_1 = d_0 \sqrt{\dfrac{H_1 + h_1 - C_1}{h_1}}$

二次夯扩 $D_2 = d_0 \sqrt{\dfrac{H_1 + H_2 + h_2 - C_1 - C_2}{h_2}}$

式中 $\quad D_1$、D_2——第一次、二次夯扩扩头平均直径；

$\quad\quad d_0$——外管内径；

$\quad H_1$、H_2——第一次、二次夯扩工序中外管中灌注混凝土
高度（从桩底起算）；

$\quad h_1$、h_2——第一次、二次夯扩工序中外管上拔高度（从
桩底起算），可取 $H_1/2$、$H_2/2$；

$\quad C_1$、C_2——第一次、二次夯扩工序中内外管同步下沉至
离桩底的距离，可取 C_1、C_2 值为 0.2m，如
图 4-29 所示。

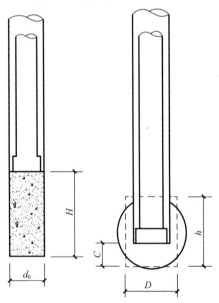

图 4-29　扩底端示意

④ 桩的长度较大或需配置钢筋笼时，桩身混凝土宜分段灌注，
拔管时内夯管和桩锤应施压于外管中的混凝土顶面，边压边拔。

⑤ 工程施工前宜进行试成桩，应详细记录混凝土的分次灌入量、外管上拔高度、内管夯击次数、双管同步沉入深度，并检查外管的封底情况，有无进水、涌泥等，经核定后作为施工控制依据。

(3) 适用范围

夯压成型灌注桩的适用范围基本上与沉管灌注桩相同。桩端持力层可为可塑至硬塑粉质黏土、粉土或砂土，且具有一定厚度。如果土层较差，没有较理想的桩端持力层时，可采用二次或三次夯扩。

（四）干作业成孔灌注桩施工及机械设备

1. 干作业成孔灌注桩施工及机械设备

（1）施工机械设备

1) 螺旋钻孔机。螺旋钻孔机由主机、滑轮组、螺旋钻杆、钻头、滑动支架、出土装置等组成，如图 4-30 所示。钻机结构简单，使用可靠，进行钻机灌注桩钻孔作业时，效率高、质量好、无振动、无噪声。适用于地下水位以上的匀质黏性土、砂性土及人工填土。步履式全螺旋钻孔机，如图 4-31 所示。

钻头的形式有多种，不同类型的土层宜选用不同形式的钻头。常用的类型有锥式钻头（图 4-32a）平底钻头（图 4-32b）和耙式钻头（图 4-32c）。平底钻头适用于松散土层；耙式钻

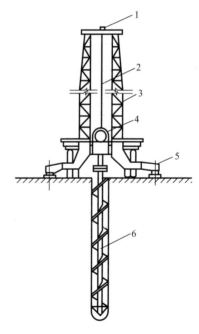

图 4-30　螺旋钻机示意
1—导向滑轮；2—钢丝绳；3—龙门导架；
4—动力箱；5—千斤顶支腿；6—螺旋钻杆

头适用于杂填土，其钻头边镶有硬质合金刀头，能将碎砖等硬块切削成小颗粒；锥式钻头适用于黏性土层。用于大直径钻孔的螺旋钻头如图 4-33 所示。

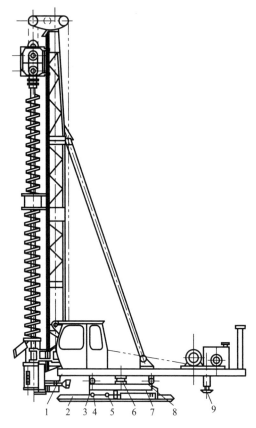

图 4-31　步履式全螺旋钻孔机

1—上盘；2—下盘；3—回转滚轮；4—行走滚轮；5—钢丝滑轮；
6—回转中心轴；7—行走油缸；8—中盘；9—支腿

2）机动洛阳铲挖孔机。机动洛阳铲挖孔机由提升机架、滑轮组、卷扬机及机动洛阳铲等组成。具有设备简单、操作容易等特点。机动洛阳铲构造，如图 4-34 所示。

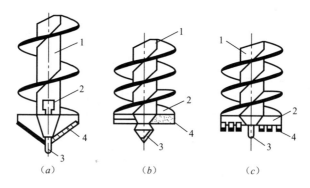

图 4-32 螺旋钻头

(a) 锥式钻头;(b) 平底钻头;(c) 耙式钻头

1—螺旋钻杆;2—切削片;3—导向尖;4—合金刀

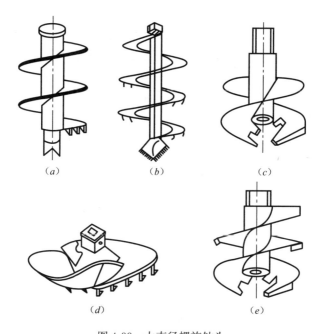

图 4-33 大直径螺旋钻头

(a) 单侧螺旋叶钻头;(b) 阶梯螺旋钻头;(c) 凿岩螺旋钻头;

(d) 平缓螺旋钻头;(e) 漂石用螺旋钻头

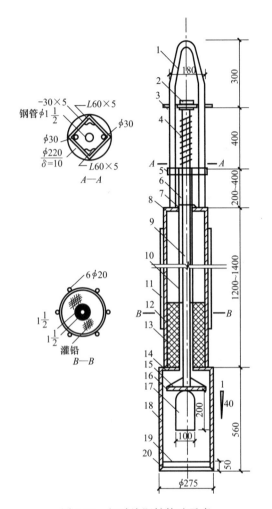

图 4-34　机动洛阳铲构造示意

1—提升杆；2—螺帽；3—钢板；4—弹簧；5—钢板；6—角钢；7—垫圈；8—封板；
9—钢管；10—套管；11—钢筋；12—铅配重；13—钢管；14—封板；15—加劲板；
16—钢板；17—留孔（对称两个）；18—钢板套；19—焊缝（壁内）；20—铲刀

（2）干作业成孔灌注桩的施工

1）干作业成孔法

① 螺旋钻孔法。螺旋钻孔法如图 4-35 所示，是利用螺旋钻

头的部分刃片旋转切削土层，被切的土块随钻头旋转，并沿整个钻杆上的螺旋叶片上升而被推出孔外的方法。在软塑土层，含水量大时，可用叶片螺距较大的钻杆，这样可提高工效；在可塑或硬塑的土层中，或含水量较小的砂土中，则应采用叶片螺距较小的钻杆，以便能均匀平稳地钻进土中。一节钻杆钻完后，可接上第二节钻杆，直到钻至要求的深度。

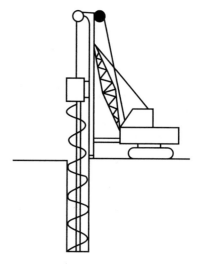

图 4-35　螺旋钻孔法

② 机动洛阳铲挖孔法。机动洛阳铲挖孔法，是将机动洛阳铲提升到一定高度后，依靠洛阳铲的冲击能量来开孔挖土的方法。每次冲铲后，将土从铲具钢套中倒弃。

2）干作业成孔的施工程序

① 桩机就位调整垂直度。

② 取土成孔土方外运。

③ 测孔径、孔深和桩孔水平与垂直偏差并校正。

④ 取土成孔达设计标高。

⑤ 清除孔底松土沉渣。

⑥ 成孔质量检查。

⑦ 安放钢筋笼或插筋。

⑧ 放置孔口护孔漏斗。

⑨ 浇筑混凝土。

⑩ 拔出孔口护孔漏斗。

3）施工注意事项

① 应根据地层情况，选择合理的钻进速度及钻压。

② 初钻时应选择慢速挡，钻杆应保持垂直稳固、位置正确，

防止因钻杆晃动引起扩大孔径。

③ 钻进速度应根据电流值变化，及时进行调整。

④ 钻进过程中，应随时清理孔口积土和地面散落土，遇到地下水、塌孔、缩孔等异常情况时，应及时处理。

⑤ 成孔达设计深度后，应原位空转清土，停钻后再提钻取土，并且孔口应予以保护，并按规范规定进行验收，做好记录。

⑥ 浇筑混凝土前，应先放置孔口护孔漏斗，随后放置钢筋笼并再次测量孔内虚土厚度。桩顶以下 5m 范围内混凝土应随浇随振动，并且每次浇筑高度均应大于 1.5m。

(3) 干作业成孔灌注桩的适用范围

1) 干作业螺旋钻孔灌注桩适用于黏性土、粉土、砂土、填土和粒径不大的砾砂层，也可用于非均质含碎砖、混凝土块的杂填土及大卵砾石层。

2) 干作业机动洛阳铲挖土灌注桩适用于地下水位以上的一般黏性土、黄土及人工填土层。

2. 干作业铀孔扩底灌注桩施工及机械设备

(1) 施工机械设备

钻扩机（扩孔机）有汽车式扩孔机、双导向步履式钻扩机、双管双螺旋钻扩机、短螺旋钻扩机等多种形式。进行钻扩作业时，振动小，噪声低，排土量少。钻扩机钻杆构造，如图 4-36 所示。

(2) 干作业钻孔扩底灌注桩的施工

1) 钻孔扩底灌注桩施工法。钻孔扩底灌注桩施工法是把按等直径钻孔方法形成的桩孔钻进到预定的深度，然后换上扩孔钻头后撑开钻头的扩孔刀刃使之旋转切削地层扩大孔底，成孔后放入钢筋笼，浇筑混凝土形成扩底桩以便获得较大垂直承载力的方法。

2) 扩底灌注桩的构造。扩底灌注桩扩底端尺寸宜按下列规定确定，如图 4-37 所示。

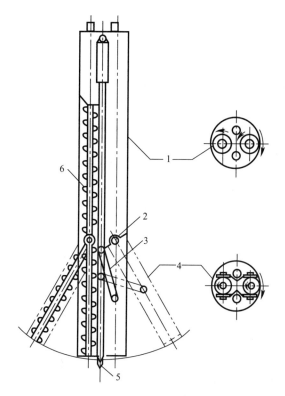

图 4-36　钻扩机钻杆的构造示意

1—外管；2—万向节；3—张开装置；4—扩刀；5—定位尖；6—输土螺旋

　　① 当持力层承载力低于桩身混凝土受压承载力时，可采用扩底。扩底端直径与桩身径比 D/d，应根据承载力要求及扩底端部侧面和桩端持力层土性确定，最大不超过 3.0。

　　② 扩底端侧面的斜率应根据实际成孔及护孔条件确定，a/h_c 一般取 1/3～1/2，砂土取约 1/3，粉土、黏性土取约 1/2。

　　③ 扩底端底面一般呈锅底形，矢高 h_b 取 （0.10～0.15)D。

　　3）施工注意事项

　　① 钻孔扩底桩的施工直孔部分应符合下列规定：

　　A. 钻杆应保持垂直稳固，位置正确，防止因钻杆晃动引起孔径扩大。

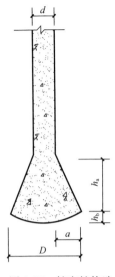

图 4-37 扩底桩构造

B. 钻进速度应根据电流值变化及时调整。

C. 钻进过程中，应随时清理孔口积土，遇到地下水、塌孔、缩孔等异常情况时，应及时处理。

② 钻孔扩底部位应符合下列规定：

A. 根据电流值或油压值调节扩孔刀片切削土量，防止出现超负荷现象。

B. 扩底直径应符合设计要求，经清底扫膛，孔底的虚土厚度应符合规定。

③ 成孔达到设计深度后，孔口应予保护，按规范规定验收，并做好记录。

④ 浇筑混凝土前，应先放置孔口护孔漏斗，随后放置钢筋笼并再次测量孔内虚土厚度。扩底桩灌注混凝土时，第一次应灌到扩底部位的顶面，随即振捣密实。浇筑桩顶以下 5m 范围内的混凝土时，应随浇随振动，每次浇筑高度不得大于 1.5m。

（3）干作业钻扎扩底灌注桩的适用范围

干作业钻孔扩底灌注桩适用于地下水位以上的黏性土、粉土、砂土、填土和粒径不大的砾砂层，扩底部宜设置于强度较高的持力层中，如黏土层、粉土层、砂土层及砾砂层等。

3. 人工挖孔灌注桩施工及机械设备

（1）施工机具

人工挖孔灌注桩施工用的机具比较简单，大都是一些小型轻便工具，主要有：

1）挖土工具。铁镐、铁锹、钢钎、铁锤、风镐等挖土工具。

2）出土工具。机架、电动葫芦或手摇辗铲和出渣桶。

机架通常采用型钢焊接成的易门式机架，其上安置电动葫芦等。一般高度为 3m 左右，主梁长为 5m 左右，也可采用三脚式支架。

3）降水工具。大扬程潜水泵，用于抽出桩孔内的积水，也可在桩孔外设井降水。

4）通风工具。常用的通风工具为 1.5kW 的鼓风机，配以直径为 100mm 的薄膜塑料送风管，用于向桩孔内强制送入风量不小于 25L/s 的新鲜空气。

5）照明工具。孔内的照明均采用低压防水照明灯具。

6）护壁模板。常用的有木结构式和钢结构式两种。下井前先预制成圆弧形模板，后在井内安装成整体。

（2）人工挖孔灌注桩的施工

1）人工挖孔灌注桩施工法。人工挖孔灌注桩法是指在桩位采用人工挖掘方法成孔，然后安放钢筋笼、灌注混凝土而成基桩的方法。成孔机具简单，挖孔作业时无振动、无噪声。由于人工挖掘，便于清孔和检查孔壁及孔底，施工质量可靠，如图 4-38 所示。

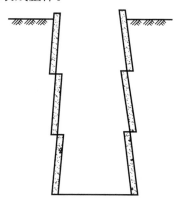

图 4-38　人工挖孔灌注桩

为确保人工挖孔灌注桩在施工过程中的安全，必须采取防止土体坍滑的支护措施。支护的方法有现浇混凝土护壁和钢套管护壁等。

2）施工程序：

① 现浇混凝土护壁人工挖孔灌注桩施工，是边开挖土方边修筑混凝土护壁。护壁的结构为斜阶形，如图 4-39 所示。对于土质较好的地层，护壁可用素混凝土；土质较差地段应增加少量钢筋（环筋 $\phi10\sim12$ 间距 200，竖筋 $\phi10\sim12$，间距 400）。修筑护壁的模板宜用工具式钢模板，它多由三块模板以螺栓连接拼成，使用方便。有时也可用喷射混凝土护壁代替现浇混凝土

护壁，以节省模板。当深度不大，地下水少，土质也较好时，甚至可利用砖石砌筑护壁。其施工程序为：

　　放线定位→开挖土方→测量控制→构筑混凝土护壁→挖土至设计标高→基底验收→安放钢筋笼→浇筑混凝土。

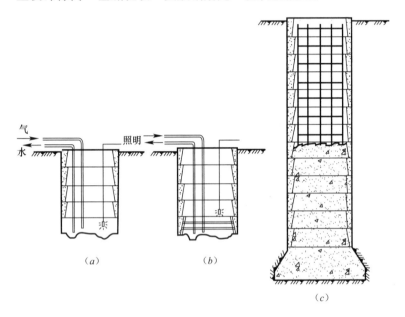

图 4-39　现浇混凝土护壁人工挖孔桩施工
(a) 在护壁保护下开挖土方；(b) 支模板浇筑混凝土护壁；(c) 浇筑桩身混凝土

　　② 钢套管护壁人工挖孔灌注桩对于流沙地层、地下水丰富的强透水地带或承压水地层，强行抽水挖掘并构筑混凝土护壁会有一定困难，且影响施工速度，甚至会威胁挖土工人的安全。因此，必须应用钢套管护壁，如图 4-40 所示。其施工程序为：放线定位并构筑井圈→安放打桩架→打入钢套管→挖土至钢套管下口→基底验收→安放钢筋笼→浇筑混凝土，拔出钢套管。

　　3）施工注意事项

　　① 挖孔注意事项：

　　A. 开孔前，桩位应定位放样准确，在桩位外设置定位龙门

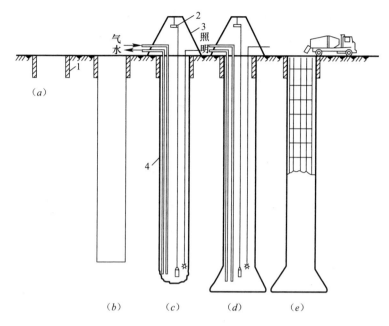

图 4-40 钢套管护壁人工挖孔桩施工

(a) 修筑井圈；(b) 打入钢套管；(c) 在钢套管护壁下开挖土方；

(d) 桩底护孔；(e) 浇筑桩身混凝土、拔出钢套管

1—井圈；2—链式电动葫芦；3—小型机架；4—钢套管

桩，安装护壁模板必须用桩心点校正模板位置，并由专人负责。

B. 人工挖孔桩的孔径（不含护壁）不得小于 0.8m，当桩净距小于 2 倍桩径且小于 2.5m 时，应采用间隔开挖。排桩跳挖的最小施工净距不得小于 4.5m，孔深不宜大于 40m。

C. 人工挖孔桩混凝土护壁的厚度不宜小于 100mm，混凝土强度等级不得低于桩身混凝土强度等级，采用多节护壁时，上下节护壁间宜用钢筋拉结。

D. 第一节井圈护壁应符合下列规定：

a. 井圈中心线与设计轴线的偏差不得大于 20mm。

b. 井圈顶面应比场地高出 150～200mm，壁厚比下面井壁厚度增加 100～150mm。

E. 修筑井圈护壁应遵守下列规定：

a. 护壁的厚度、拉结钢筋、配筋、混凝土强度均应符合设计要求。

b. 上下节护壁的搭接长度不得小于 50mm。

c. 每节护壁均应在当日连续施工完毕。

d. 护壁混凝土必须保证密实，根据土层渗水情况使用速凝剂。

e. 护壁模板的拆除宜在 24h 之后进行。

f. 发现护壁有蜂窝、漏水现象时，应及时补强以防造成事故。

g. 同一水平面上的井圈任意直径的极差不得大于 50mm。

F. 遇有局部或厚度不大于 1.5m 的流动性淤泥和可能出现涌土涌砂时，护壁施工宜按下列方法处理：

a. 每节护壁的高度可减小到 300～500mm，并随挖、随验、随浇筑混凝土。

b. 采用钢护筒或有效的降水措施。

G. 挖至设计标高时，孔底不应积水，终孔后应清理好护壁上的淤泥和孔底残渣、积水，然后进行隐蔽工程验收。验收合格后，应立即封底和浇筑桩身混凝土。

② 浇筑桩身混凝土注意事项：

A. 浇注桩身混凝土时，混凝土必须通过溜槽；当高度超过 3m 时，应用串筒，串筒末端离孔底高度不宜大于 2m，混凝土宜采用插入式振捣器振实。

B. 当渗水量过大（影响混凝土浇筑质量时），应采取有效措施保证混凝土的浇筑质量。

③ 施工安全措施。人工挖孔桩施工应采取下列安全措施：

A. 孔内必须设置应急软爬梯，供人员上下井。使用的电葫芦、吊笼等应安全可靠并配有自动卡紧保险装置，不得使用麻绳和尼龙绳吊挂或脚踏井壁凸缘上下。电葫芦宜用按钮式开关，使用前必须检验其安全起吊能力。

B. 每日开工前必须检测井下的有毒有害气体，并应有足够的安全防护措施。桩孔开挖深度超过 10m 时，应有专门向井下送风的设备，风量不宜少于 25L/s。

C. 孔口四周必须设置护栏，一般加 0.8m 高围栏围护。

D. 挖出的土石方应及时运离孔口，不得堆放在孔口四周 1m 范围内，机动车辆的通行不得对井壁的安全造成影响。

（3）人工挖孔灌注桩尺寸允许偏差及检验方法

人工挖孔灌注桩尺寸允许偏差及检验方法，见表 4-10。

人工挖孔灌注桩尺寸允许偏差及检验方法 表 4-10

项次	项目	允许偏差（mm）	检验方法
1	钢筋笼主筋间距	±10	尺量检查
2	钢筋笼箍筋间距	±20	
3	钢筋笼直径	±10	
4	钢筋笼长度	±1000	
5	桩径	−50	拉线和尺量检查
6	桩位	50	
7	桩垂直度	$H/200$	

注：1. 桩径允许偏差的负值指个别截面。

2. H—桩长。

3. 检查数量：按桩数抽查 10%，但不少于 3 根。

（4）人工挖孔灌注桩适用范围

人工挖孔灌注桩宜在水位以上施工，适用于黏土、粉土、砂土、人工填土、碎石土和风化土层，也可在湿陷性黄土、膨胀土和冻土等特殊土中使用，适应性较强。桩身直径一般为 80～200cm，最大直径可达 350cm。

（五）质量控制与检验

灌注桩的工程质量主要取决于施工工艺和施工水平。与预制桩相比，其保证工程质量的难度较大，需要采取可靠的方法检查桩身质量以消除隐患。在重要工程中，如没有高效可靠的检测手段，灌注桩的工程质量就缺乏保证，因而就可能阻碍灌注桩的应用。

灌注桩的质量控制与检验主要包括成孔及清孔、钢筋笼制作及安放、混凝土拌制及灌注等三个工序过程的质量控制与检验。

1. 成孔及清孔

（1）质量控制

1）中心位置：

① 按设计图纸放线，确定桩的位置。

② 钻机安装稳固，确保在施工中不发生移动。

③ 护筒的安装应与桩心一致。

④ 人工挖孔时，使吊桶的钢丝绳中心与桩孔中心线一致。

2）孔深。为准确控制成孔深度，在桩架或桩管上应设置控制深度的标尺，以便在施工中进行观测记录。

3）垂直度：

① 钻机安装平整，确保在施工中不发生倾斜。

② 对钻杆、钻杆接头及钻杆与转轴之间的接头逐个检查，保证钻杆顺直不弯曲。

③ 人工挖孔时，应检查每段，发现偏差，随时纠正，保证位置正确。

4）孔底沉渣厚度。孔底沉渣存留过厚将使桩端承载能力降低，并影响混凝土的浇灌。因此，必须认真做好清孔工作。一般有抽浆清孔法和换浆清孔法，前者通常用于反循环施工，即通过钻头、钻杆将孔底携带钻渣的泥浆进行置换；后者通常用于正循环施工，即用质量好的新浆不断地从钻头、钻杆内压入孔底，将孔底的沉渣泛起，携带上渣回流至孔外，理论上应循环至孔内完全充满新浆为止。如采用换浆清孔法，必须采取二次清孔，第一次以孔口返浆相对密度在 1.1 左右（手触泥浆无颗粒感觉）为准，另外孔底沉渣量测定以小于 10cm 为控制标准；第二次清孔标准是孔深达到设计要求，复测沉渣厚度在 10cm 以内（由于放钢筋笼等，时间间隙较长，孔底会产生一部分新的沉渣），此时清孔完毕，立即进行浇灌混凝土的工作。

（2）质量检验

灌注桩分为挤土、部分挤土和非挤土灌注桩。非挤土灌注桩又分为干作业、泥浆护壁和套管护壁等施工方法。

1）干作业施工主要是用长螺旋、短螺旋钻机、机动洛阳铲成孔或人工挖孔。在无地下水的场地施工，成孔后的孔壁形状、孔深、垂直度、孔底沉渣厚度和钢筋笼安放位置可以目测检查。当孔径大于500mm并有安全措施时，人可以下到孔内进行检查。

2）湿作业施工主要有回转钻、潜水钻、冲击、冲抓、正反循环钻成孔法及机挖成孔等施工方法。由于在有地下水的场地施工，采用泥浆护壁防止孔壁坍塌，成孔后孔中充满了泥浆，孔壁形状、垂直度和沉渣厚度等只能用仪器检验。

① 桩径可用专用球形孔径仪、伞形孔径仪和声波孔壁测定仪等测定。

② 待成孔结束后，马上测定桩孔深度。孔深可用专用测绳测定，所用测锤即便在浮力的作用下也应该有足够的重量，以便能够用手感来判断测锤是否抵达孔底。钻深可由核定钻杆、钻具（钻头）长度来测定。孔底沉渣厚度为钻深与孔深之差。沉渣厚度可用沉渣测定仪或重锤测定。在沉渣处理完后，浇筑混凝土之前，再一次测量至孔底的深度，并与成孔结束后的测定值相比较，以此来确定沉渣处理效果。

③ 桩位容许偏差可用经纬仪、钢尺和定位圆环等测定。

④ 现场测定桩孔垂直度的方法有：

A. 当采用套管法施工时，可在地表呈直角方向的两点用两台经纬仪测定套管的倾斜情况。

B. 当无套管时，则可用超声波孔径测定仪进行测定。测定装置是由超声发射器、发射和接收探头、放大器、记录仪和提升机构组成的收发两用装置。将超声波向孔壁发射后，根据接收到该反射波的时间来测定到孔壁的距离，从而判断桩孔的垂直度。

2. 钢筋笼制作及安放

（1）钢筋笼的制作

制作前应除锈整直。整直后的主筋中心线与直线的偏差应不大于长度的 1%，并不得有局部弯曲。分段后的主筋接头互相错开，保证同一截面内接头数目不大于主筋总数的 50%，两个接头的间距，应大于 50cm。接头的连接应采用焊接。钢筋规格、焊条规格、品种、焊口规格、焊缝长度、焊缝外观和质量必须符合设计要求和施工规范规定。尺量检查钢筋笼的主筋间距、箍筋间距、直径、长度等是否符合《建筑地基基础工程施工质量验收规范》GB 50202 规定的允许偏差。

（2）钢筋笼安放

一般采用吊车起吊安放，应避免碰撞护壁，采取慢起慢落、逐步下放的方法。如下插遇到困难，不得强行下插，要查明原因。安放后的钢筋笼，用拉线和尺量检查其顶面和底面是否符合设计标高，是否符合规范规定的定位标高允许偏差±50mm。尺量检查钢筋笼中心与桩孔中心是否重合，其偏差是否符合规范规定的允许偏差 10mm。

3. 混凝土拌制及灌注

（1）原材料

1）质量

① 混凝土所用水泥、水、骨料、外加剂等原材料应符合设计要求和施工规范的规定。

② 粗骨料可选用卵石或碎石，其最大粒径对于沉管灌注桩不宜大于 50mm，并不得大于钢筋间最小净距的 1/3；对于素混凝土桩，不得大于桩径的 1/4，并不宜大于 70mm。

③ 检验原材料合格证或试验报告。

2）计量

① 原材料计量必须符合施工规范的规定，即每盘称量的偏

差不得超过以下的规定：

  A. 水泥、混合材料±2%。

  B. 粗、细骨料±3%。

  C. 水、外加剂±2%。

  ② 通过观察检查施工记录，进行原材料计量检验。

（2）混凝土配合比

  灌注桩中混凝土浇灌方法原则上是用导管法，因此要求混凝土的配合比也必须与这种施工方法相适应。合适的配合比系指这种混凝土有足够的和易性、黏性，易于在导管中流动，而又不易离析，即水泥用量大、坍落度大，且流动性好的混凝土。同时混凝土的配合比又直接影响混凝土是否能达到设计强度要求，因此配合比应通过试验确定，一般采用坍落度为 $13 \sim 18cm$ 左右的混凝土。为使其易于流动，粗骨料宜使用砂砾，砂率多为 45% 左右，水泥用量要大于 $370kg/m^3$，水灰比小于 50%。

  对于夏季或冬季浇灌的混凝土，如果初凝时间太短，应加入缓凝剂一类的外加剂。用葡氏贯入阻力试验法测定混凝土缓凝的效果。

（3）混凝土灌注

  钢筋笼吊装完毕并经验收后应立即灌注混凝土。在灌注混凝土的过程中，应用浮标或测锤测定混凝土的灌注高度，以控制灌注质量。当桩径大于 1m 时，每个测定位置的测点要超过 3 处以上，并取最深值。水下混凝土灌注的速度不得小于 $2m/h$。灌注混凝土必须连续进行，不得中断。从开始搅拌混凝土后，在 1.5h 之内尽量灌注完毕，特别是在夏季天气干燥时，必须在 1h 内灌注完毕。钻孔扩底桩灌注混凝土时，第一次应灌到扩底部位的顶面，随即振捣密实；浇筑桩顶以下 5m 范围内混凝土时，应随浇随振动，每次浇筑高度不得大于 1.5m。灌注人工挖孔桩身混凝土时，混凝土必须通过溜槽。当高度超过 3m 时，应用串筒，串筒末端离孔底高度不宜大于 2m，混凝土宜用插入式振捣器振实。

(4) 成桩质量检验

灌注桩是承受上部结构荷载的一种结构物，在完工后应根据具体情况进行检查，确认其可靠性。可在现场利用下述方法进行质量检查：

1）检查桩顶处钢筋的保护层、桩径、外观等。

2）利用混凝土回弹仪检查桩顶处混凝土的质量。

3）从桩顶处到桩尖进行岩芯取样，以检查混凝土的连续性及利用芯样来确定混凝土的强度。

4. 混凝土灌注桩质量检验标准

混凝土灌注桩质量检验标准，见表 4-11。

混凝土灌注桩质量检验标准　　　　　　表 4-11

项	序	检查项目	允许偏差或允许值		检查方法
			单位	数值	
主控项目	1	桩位	见《建筑地基基础工程施工质量验收规范》GB 50202 表 5.1.4		基坑开挖前量护筒，开挖后量桩中心
	2	孔深	mm	-0 $+300$	只深不浅，用重锤测，或测钻杆、套管长度，嵌岩桩应确保进入设计要求的嵌岩深度
	3	沉渣厚度（端承桩） 沉渣厚度（摩擦桩）	mm mm	$\leqslant 50$ $\leqslant 150$	用沉渣仪或重锤测量
	4	混凝土强度	设计要求		试块报告或钻芯取样送检
	5	载荷试验	按有关检测规范		按有关检测规范
一般项目	1	垂直度	见《建筑地基基础工程施工质量验收规范》GB 50202 表 5.1.4		测套管或钻杆，或用超声波探测。干施工时吊垂球
	2	桩径	见《建筑地基基础工程施工质量验收规范》GB 50202 表 5.1.4		井径仪或超声波检测，干施工时用尺量，人工挖孔桩不包括内衬厚度
	3	泥浆密度（黏土或砂性土中）		1.15～1.20	用密度计测，清孔后在距孔底 50cm 处取样

项	序	检查项目	允许偏差或允许值		检查方法
			单位	数值	
一段项目	4	泥浆面标高（高于地下水位）	m	0.5～1.0	目测
	5	混凝土坍落度（水下灌注）（干施工）	mm mm	160～220 70～100	坍落度仪
	6	钢筋笼安装深度	mm	±100	尺量
	7	混凝土充盈系数		＞1	检查每根桩的实际灌注量
	8	桩顶标高	mm	+30 −50	水准仪，需扣除桩顶浮浆层及劣质桩体1.0～2.0m
	9	桩体质量检验	按有关检测规范。如钻芯取样，大直径嵌岩桩应钻至桩尖下50cm		按有关检测规范

（六）搅拌桩施工

搅拌桩施工是一种新型的桩基施工工艺，搅拌桩根据其工艺要求首先应确定其施工流向、顺序。搅拌桩开动1台桩机，由一侧向另一侧施工，要求搭接紧密。

1. 施工工艺流程

搅拌桩施工工序流程如图4-41所示。

2. 主要施工机具及施工方法

搅拌桩的主要施工机具为搅拌桩机，它是一种搅拌桩施工的专用设备。

（1）搅拌桩轴线测放：沿基坑测量搅拌桩轴线，并根据现场实际情况，掌握轴线位置地下障碍物分布。

（2）桩位定位：重新进行搅拌桩轴线测量放线，并进行桩

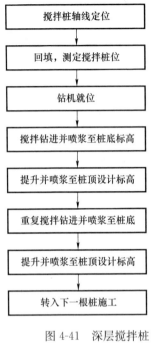

图 4-41 深层搅拌桩
施工工序流程图

位定位。

（3）钻机就位：将搅拌桩机移动对中桩位，调整机架水平、导向架垂直，偏差≤4%。

（4）调配水泥浆液：水泥选用42.5普通硅酸盐水泥，水灰比0.45～0.5，水泥用量65kg。

（5）搅拌下沉、喷浆：启动机器，开启灰浆泵将制备好的水泥浆液泵入，使搅拌头边旋转边喷浆，沿支架下沉。下沉速度由电流监测表控制，工作电流不大于设计值。

（6）提升喷浆搅拌：提升钻杆同时喷浆，边旋转、边喷浆、边提升，直至设计桩顶高程，提升的速度不大于0.5～0.8m/min，转速每分钟60圈，喷浆出口压力0.40～0.60MPa，喷浆量控制在$6m^3$/h。

（7）重复下搅、提升喷浆过程一次，即将搅拌头提升到设计桩顶高程，再边旋转、边下沉、边喷浆至设计深度后再提升喷浆，完成"四搅四喷"过程后，将搅拌机具提出地面。

（8）清洗灰浆泵、管路中残存水泥浆。

（9）移位至下个桩位施工。

3. 质量保证措施

（1）搅拌桩施工前，根据设计要求进行工艺性试桩，数量不少于两根，以掌握施工技术参数和桩机性能，确保满足施工和设计要求。

（2）桩机就位由当班班长负责操作，每个班长配备一把5m长钢卷尺，桩机就位时再复验一次，并用水平尺校正桩机水平，保证成桩垂直度。

（3）为保证桩端质量，当浆液到达喷浆口后，桩底喷浆不小于30s，使浆液完全到达桩端，然后喷浆搅拌提升，当喷浆口到达桩顶标高时，停止提升，搅拌数秒。

（4）施工时须准确确定桩顶标高位置。为确保桩身质量，停浆面高出设计桩顶面0.50m。

（5）因故停浆，将搅拌机下沉至停浆点以下0.5m，待恢复供浆时继续喷浆搅拌提升。

（6）水泥用量按所施工的桩长定量加料，保证每延米水泥用量，单桩施工结束后，检查罐内或桶内剩余量，如有剩余，及时补打。

（7）成桩深度根据设计要求和地层情况，按桩机上的深度计或钻塔标定的深度标记，开工之前进行一次深度标定检查。

（七）微型桩的构造与施工工艺

1. 微型桩概况

微型桩最早由意大利人提出的，起初在英美等国称之为"网状结构树根桩"，到了日本，简称"RRP工法"，又叫"土的加筋"，20世纪80年代到了国内称之为"微型桩"或者"树根桩"。它是一种较小直径的钻孔灌注桩，直径一般在10~30cm，长细比一般大于30，桩体由压力灌注的水泥砂浆或小石子混凝土与加劲材料组成。根据不同的用途，用于微型桩的加劲材料可以是钢筋、钢管或其他型钢。微型桩可以是垂直布置，也可以是倾斜布置；可以成排布置，也可交叉成网状布置成树根形。

我国于20世纪80年代开始研究，并在上海地区首先应用。最初的微型桩主要用于老旧建筑的基础补强和托换等。微型桩的技术较为简单，施工方便，适用于狭窄的施工作业区其对土层适应性强，施工振动、噪声小，桩位布置形式灵活，可以布置成斜桩，与同体积灌注桩相比，其承载力较高。近年来迅速发展，广泛应用于各种土木建筑工程，目前已在深基坑开挖支护、地面沉陷修复、路基加固以及边坡加固等方面得到了成功应用。

2. 微型桩的分类

根据工程的特点，微型桩可以采用不同的结构布置形式，就深基坑或边坡而言，其结构布置形式可将微型桩体系分为以下四种类型：桩锚微型桩体系、独立微型桩体系、平面桁架微型桩体系以及空间桁架微型桩体系。

(1) 桩锚微型桩体系

桩锚微型桩体系就是在基坑开挖面上按照一定的距离和形式布置微型桩，各微型桩通过连接横梁传递土体压力，并通过锚杆（索）传递到稳定土层中，这种结构形式适用于基础与边坡之间距离小且比较软弱的土体。

(2) 独立微型桩体系

独立微型桩体系就是在基坑的开挖面上或自然坡面上按照一定的间距布置多根或多排微型桩，各根桩相互独立，桩与桩间的相互作用仅通过土体进行传递。这种结构形式比较适合于滑体完整性较好且强度较高的土体。

(3) 平面桁架微型桩体系

将坡面上布置的多根或多排微型桩，通过连系梁将其顶端横向连接在一起而形成的结构体系，称为平面桁架微型桩体系。这种结构形式适合于坡体发育有两种结构面，且完整性较差的边坡。

(4) 空间桁架微型桩体系

空间桁架微型桩体系是在平面桁架微型桩体系的基础上，用连系梁将沿着边坡走向的多排微型桩连接在一起而形成的结构体系。对于坡体发育有两种以上的结构面，岩体软弱破碎和完整性很差的边坡，可采用这种结构。

3. 微型桩作用机理

对于基坑开挖和边坡加固，常使用微型桩预加固技术，针对潜在滑体使用微型桩进行加固，然后进行开挖或进行其他支护措施。微型桩的存在，特别是在微型桩采用了连系梁形成桁架体系后，侧土压力由桩和桩间岩土体共同承担。从而使得整个微型桩体系和桩间岩土体作为一个整体结构进行工作。此时微型桩具有类似抗滑桩的作用，可承受较大的弯矩和剪力。在桩顶作用连系梁之后，各根微型桩和桩间岩土体更加紧密地联系在一起，能够有效地控制墙面上加固区域拉裂缝的形成和发展。

4. 微型桩的施工工艺

（1）钻机就位

就位钻机在工作平台搭就后，移动钻机使转盘中心大致对准护筒中心，起吊钻头，位移钻机，使钻头中心正对桩位。桩位偏差应控制在 20mm 以内，直桩的垂直度偏差不宜大于 1%，斜桩的倾斜度应按设计要求做相应调整。保持钻机底盘水平后，即可开始钻孔。斜桩成孔时，采用钻机脚板垫高到要求的方法，用罗盘检查钻杆的倾斜度。

（2）成孔

一般采用地质钻成孔，也可采用洛阳铲冲击成孔。视工程地质条件可采用干成孔或泥浆护壁循环成孔。微型桩施工时应防止出现穿孔和浆液沿砂层大量流失的现象，可采用跳孔施工、间歇施工和增加速凝剂掺量等措施来进行处理。

（3）清孔

采用泥浆护壁成孔，成孔后进行水冲清孔。钻孔时，泥浆比重控制在 1.18 左右，清孔后泥浆比重控制在 1.12 左右。

（4）安放加筋材料及回填石料

加筋材料一般采用钢筋、钢管或其他型钢，通长配置。微型桩采用的碎石粒径不宜过大，以防卡在钢筋笼上，通常以不超过 1/10 桩径为宜。粒径数毫米的瓜子片含泥量高，易浮在水泥浆表面，会显著减少压浆量和降低桩身强度。在成孔之后至回填碎石期间，最可能产生缩径和塌孔现象，因此应尽可能缩短吊放加筋材料和注浆管的时间。碎石的填充量采取体积计算，先计算钻孔（扣除加筋材料、注浆管的体积）的容积，可获得每孔应投入碎石的数量。考虑到钻孔容积计算的误差和投放时空隙的变化，投入量允许有 $10\% \sim 20\%$ 的变化幅度。投入量过小往往是缩径或碎石级配不良所致，会导致桩身强度不够。

（5）注浆

1）水泥浆配制：水泥浆将水灰比控制在 $0.4 \sim 0.6$ 之间，水泥浆宜用高速搅拌机制浆，以确保搅拌均匀，减少离析，再转入低速搅拌储浆桶，边搅边注浆。

2）微型桩注浆参数的选择

微型桩注浆参数主要包括：注浆龄期、水泥浆液的配比、注浆压力、注浆量和注浆持续时间。注浆参数的选择是注浆技术的关键。

注浆龄期的选择：注浆龄期是指桩身材料的强度达到要求时所需要的时间。由于注浆时要施加较高的压力，必须要等到桩身具有一定的强度之后才可注浆。

水泥浆液配比：水泥浆液配比是指水和水泥及水泥掺料的质量比。不同浓度的浆液具有不同的性能，稀浆液便于输送，渗透能力强；中等浓度的浆液有填实、压密的作用；高浓度浆液对于已经注入的浆液有脱水作用。浆液如果采用水泥浆，水灰比应选择在 $0.4 : 1 \sim 0.6 : 1$ 之间，采用水泥水玻璃浆液时，水灰比应在 $1 : 1 \sim 0.6 : 1$ 之间。在实际注浆时，一般先用稀浆液，然后再用中浓度的浆液，最后用高浓度的浆液。必要时可掺入适量的外加剂以改善浆液的性能，提高注浆效率。用作防渗堵漏的树根桩，允许在水泥浆液中掺入不大于 3% 的磨细粉煤灰。

注浆压力：当注浆压力超过桩周土的上覆土自重压力和强度时，将有可能导致上覆土层的破坏，桩身上抬。因此，注浆压力一般以不使地层结构破坏或发生局部和少量破坏为前提。注浆压力与桩长、桩端土层的性质有关，桩身越长，桩端土强度越高，则所需的注浆压力越大；桩身越短，桩端土层强度越低，则所需的注浆压力越小。此外，在不同的阶段，所需要的注浆压力也不同，注浆开始阶段由于要克服很大的初始阻力，所需的压力较大；平稳注浆过程中，所需的压力较小；注浆结束时，由于浆液已经充满地层，此时所需要的压力较大。一般情况下，可通过注浆试验结果确定注浆压力。

确定注浆量：注浆量是指每根桩从开始压浆至终止压浆所使用浆液的体积。在浆液水灰比为 0.5～0.55 之间的情况下，对于常规桩距的桩，桩端注入水泥量可按公式估算。

注浆持续时间：注浆持续时间是指从注浆开始到结束注浆的时间段。一般情况下，桩的注浆持续时间不超过 2 小时，也可以采取多次注浆技术来提高注浆的效果。

3）初次注浆：清孔至孔口冒出的泥沙达到符合要求的泥浆比重时（注浆前不能终止清孔），才能开始注浆。初次注浆时注浆泵正常压力控制在 0.3MPa 左右，微型桩施工如出现缩颈和塌孔的现象，应将套管下到产生缩颈或塌孔的土层深度以下。注浆工作时，注浆液应均匀上冒，直至灌满，孔口冒出浓浆，压浆才算结束。注浆过程应连续，如因其他原因间断，立即处理。注浆管的提升应根据注浆压力变化进行，每次提升高度不超过 50cm，直至水泥浆完全置换孔内泥浆并从孔口溢出为止。注浆完毕，立即拔出初次注浆管，每拔 2m 补注一次，直至拔出为止。在整个注浆过程中，严格控制注浆顶面标高（设计桩顶标高以上加灌长度应大于 50cm）。

4）二次注浆：待初次注浆液达到初凝，一般是在 5～7h 后开始二次注浆。二次注浆管一般代替一根钢筋，由注浆泵通过注浆管压入注浆液，并从注浆管的开口处溢出，在注浆压力的作用下顶开橡皮套，冲破初凝的水泥浆，挤压填充桩体与土壁之间的空隙，以提高桩的承载能力。二次注浆的挤压效果受注浆压力、初凝时间、水灰比、土层特征等因素影响。二次注浆的注浆压力为2~4MPa。一般从底部往上层注浆，注浆时边注边上拔。应保持一定的上拔速度，上拔速度太快则水泥浆不能充分溢出，达不到注浆效果；速度太慢则大量的水泥浆沿桩体向上溢出，造成材料浪费。拔管后应立即在桩顶填充碎石，并在1~2m范围内补充注浆。

（6）微型桩的注浆和成桩情况和一般钻孔灌注桩的区别

钻孔灌注桩是直接用混凝土强度等级大于C30的混凝土浇筑，而微型桩是用碎石通过注浆凝固而成，因为钻孔灌注桩口径大，内置较大直径注浆导管，而微型桩只能用口径较小注浆管。

从成桩的形状上来看，也有很大区别，如图4-42所示。

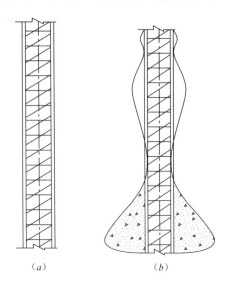

（a）   （b）

图4-42　钻孔灌注桩成桩与微型桩成桩示意

（a）钻孔灌注桩成桩后；（b）微型桩成桩后

5. 侵蚀防护

微型桩的腐蚀主要是金属材料的腐蚀问题。微型桩加筋的腐蚀是一种电解现象，钢材发生腐蚀，应在其阴极和阳极同时发生反应，引起这种反应的力就是两级区的电位差。引起微型桩腐蚀的主要原因和地下水的腐蚀介质作用、微型桩通过形状差异的地层、双金属作用以及地层中存在的杂散电流。

微型桩的防护应满足以下基本要求：

（1）应按微型桩的使用年限、微型桩所处环境的腐蚀程度及微桩破坏后果等因素确定防护类型与标准。

（2）微型桩防护的有效期应等于微型桩的使用有效期。

（3）采取防护措施的加筋应能将荷载传递到桩体。

（4）微型桩及其防护系统在制作、运输、安装过程中不应受到损坏。

（5）用作防护的材料在预料的工作温度范围内保证不开裂、不变脆或不液化，具有化学稳定性，不与相邻材料发生反应，并保持其抗渗性。

微型桩的腐蚀防护主要有以下几个方法：

（1）镀锌处理。

（2）表面涂环氧树脂。

（3）采用套管。

（4）提前对腐蚀程度进行估算，加筋尺寸适当加大。

6. 质量检验

对承受竖向荷载的微型桩，采用静载试验来检验其承载能力和沉降特性；对作为抗拔的树根桩，采用抗拔静载试验检测其抗拔力；对作为复合地基的树根桩，除检测单桩承载力外，还应检测复合地基静载。桩身完整性可采用低应变进行检测。

（八）施工常见问题与处理对策

1. 泥浆护壁成孔灌注桩

泥浆护壁成孔灌注桩施工常见问题、原因及处理方法，见

表 4-12。

泥浆护壁成孔灌注桩施工常见问题、原因及处理方法

表 4-12

施工常见问题	产生原因	预防措施与处理方法
孔壁坍落	(1) 护壁泥浆密度和浓度不足，起不到可靠的护壁作用 (2) 护筒埋深位置不合适，埋设在砂或粗砂层中 (3) 成孔速度太快，在孔壁上来不及形成泥膜 (4) 孔内水头高度不够或出现承压水，降低了静水压力 (5) 冲击（抓）锥或掏渣筒倾倒，撞击孔壁 (6) 安放钢筋笼时碰撞了孔壁，破坏了泥膜和孔壁 (7) 排除较大障碍物（如40m 左右的漂石）形成大空洞而漏水致使孔壁坍塌	(1) 在松散砂土或流砂中钻进时，应控制进尺，选用较大密度、黏度、胶体率的优质泥浆 (2) 将护筒的底部贯入黏土中 0.5m 以上 (3) 成孔速度应根据地质情况选取 (4) 如地下水位变化大，应采取升高护筒、增大 7K 头，或用虹吸管连接等措施 (5) 从钢筋笼的绑扎、吊插以及定位垫板设置安装等环节均应予以充分注意 (6) 如孔口发生坍塌，应先探明坍塌位置，将砂和黏土混合物回填到坍孔位置以上 1～2m，如坍孔严重，应全部回填，等回填物沉积密实后再进行钻孔
护筒冒水	(1) 埋设护筒时周围填土不密实 (2) 起落钻头时碰动了护筒	(1) 在埋设护筒时，四周的土要分层夯实，并且要选用含水量适当的黏土填筑 (2) 起落钻头要防止碰撞护筒 (3) 初发现护筒冒水，可用黏土在四周填实加固，如护筒严重下沉或位移，则应返工重埋
钻孔漏浆	(1) 护筒埋设太浅，回填土不密实或护筒接缝不严密，在护筒刃脚或接缝处漏浆 (2) 水头过高使孔壁渗浆，遇到透水过大或有地下水流动的土层	(1) 根据土质情况决定护筒的埋置深度 (2) 将护筒外壁与孔洞间的缝隙用土填实，必要时有潜水员用旧棉絮将护筒底端外壁与孔洞间的接缝堵塞 (3) 加稠泥浆或倒入黏土，慢速转动，或在回填土内掺片石、卵石，反复冲击，增强护壁

施工常见问题	产生原因	预防措施与处理方法
桩孔偏斜	(1) 钻孔时遇有倾斜度的软硬土层交界处或岩石倾斜处，钻头所受阻力不均而偏位 (2) 钻孔时遇较大的孤石、探头石等地下障碍物使钻杆偏位 (3) 钻杆弯曲或连接不当，使钻头、钻杆中心线不同轴 (4) 地面不平或不均匀沉降使钻机底座倾斜	(1) 在有倾斜状的软硬土层处钻进时，应吊住钻杆，控制进尺速度并以低速钻进，或在斜面位置处填入片石、卵石，以冲击锤将斜面硬层冲平再钻进 (2) 探明地下障碍物情况，并预先清除干净 (3) 钻杆、接头应逐个检查，及时调整，弯曲的钻杆要及时更换 (4) 场地要平整，钻架就位后要调整，使钻盘与底座水平，钻架顶端的起重滑轮边缘同固定钻杆的卡孔和护筒中心三者应在同一轴线上，并注意经常检查和校正 (5) 在桩孔偏斜处吊住钻头，上下反复扫孔，使孔校直 (6) 在桩孔偏斜处回填砂黏土，待沉积密实后再钻
梅花孔	(1) 转向装置失灵，泥浆太稠，阻力大，冲击锥不能自由转动 (2) 冲程太小、冲锥刚提起又落下，得不到足够的转动时间变换不了冲击位置	(1) 经常检查转向装置，选用适当黏度和密度的泥浆，适时掏渣 (2) 用低冲程中，隔一段时间要更换高一些的冲程使冲锥有足够的转动时间
缩孔	塑性土膨胀	上下反复扫孔，以扩大孔径
钢筋笼安放与设计要求不符	(1) 堆放、起吊、搬运没有严格执行规程，支垫数量不够或位置不当，造成变形 (2) 钢筋笼安放入孔时不是垂直缓慢放下 (3) 清孔时孔底沉渣或泥浆没有清理干净，造成实际孔深与设计要求不符，钢筋笼放不到设计深度	(1) 钢筋笼过长宜分段制作，入孔时再焊接，在搬运和安放过程中，每隔2.0~2.5m设置加劲箍一道，并在笼内每隔3~4m装一临时十字形加劲架，在钢筋笼安放入孔后拆除 (2) 清孔时应把沉渣清理干净，保证实际有效孔深满足设计要求 (3) 钢筋笼应垂直缓慢放入孔内，防止碰撞孔壁。入孔后要采取措施固定好位置，对已发生变形的钢筋笼进行修理后再使用

施工常见问题	产生原因	预防措施与处理方法
断桩	(1) 混凝土坍落度太小，骨料粒径太大，未及时提升导管及导管倾斜，使导管堵塞，形成桩身混凝土中断 (2) 搅拌机发生故障或商品混凝土供应跟不上，使混凝土浇筑中断时间过长 (3) 提升导管时碰撞钢筋笼，使孔壁土体混入混凝土中 (4) 导管没扶正，接头法兰挂住钢筋笼	(1) 混凝土坍落度按设计要求、粗骨料粒径按规范要求控制 (2) 边浇筑混凝土边拔套管，并勘测混凝土顶面高度，随时掌握导管埋入深度，避免导管脱离混凝土面 (3) 当导管堵塞，混凝土尚未初凝时，可吊起一节钢轨或其他重物在导管内冲击，把堵塞的混凝土冲开，使混凝土继续浇筑，也可迅速提出导管用高压水冲通导管，重下隔水栓浇筑，浇筑时当隔水栓冲出导管后，将导管继续下降，直至导管不能再斜入时再稍许提升，继续浇筑混凝土 (4) 如果混凝土在地下水位以上中断，桩径又较大（1m 以上），泥浆护壁好，可抽掉孔内水，用钢筋笼网保护，对原混凝土面进行凿毛并清洗钢筋，再继续浇筑混凝土 (5) 如果混凝土在地下水位以下中断，可用比原桩稍小的钻头，在原桩位钻孔，至断桩部位以下适当深度时（可由验算确定），重新清孔，在断桩部位增加一节钢筋笼，其下部埋入新钻孔中，然后继续浇筑混凝土 (6) 如果导管接头法兰挂住钢筋笼，钢筋笼埋入混凝土又不深，则可提起钢筋笼，转动导管，使导管与钢筋笼脱离
流沙	孔外水压力比孔内大，孔壁松散，使大量流沙涌塞孔底	抛入碎砖石、黏土，用锤冲入流沙层，做成泥浆结块，使成坚厚孔壁，阻止流沙涌入
吊脚桩	(1) 清孔后泥浆密度过低，孔壁塌落或孔底漏进泥沙，或未立即浇灌混凝土 (2) 安放钢筋笼或导管碰撞孔壁，使孔壁泥土坍塌 (3) 清渣未净，残留沉渣过厚	(1) 清孔要符合设计要求，并立即浇筑混凝土 (2) 安放钢筋笼和浇筑混凝土时，注意不要碰撞孔壁 (3) 注意泥浆浓度，及时清渣

施工常见问题	产生原因	预防措施与处理方法
混凝土用量过大	(1) 钻头经过松软土层造成一定程度的扩孔 (2) 浇灌混凝土时，一部分扩散到软土中	(1) 钻孔时，掌握好各土层的钻进速度 (2) 正常钻孔作业时，中途不得随便停钻

2. 沉管灌注桩和内夯灌注桩

沉管灌注桩和内夯灌注桩施工常见问题、原因及处理方法，见表4-13。

沉管灌注桩和内夯灌注桩施工常见问题、原因及处理方法　表 4-13

施工常见问题	产生原因	预防措施与处理方法
缩颈	(1) 在流塑淤泥质土中，由于套管在该层的振荡作用，使混凝土不能顺利灌入而被淤泥质土填充进来，造成桩在该层缩颈 (2) 在饱和黏性土层中沉管时，由于土受强制扰动挤压，产生孔隙水压，在桩管拔出后挤向新浇筑的混凝土，使桩身局部直径缩小 (3) 混凝土稠度太大，和易性较差，拔管时管壁对混凝土产生摩擦力造成缩颈	(1) 在淤泥质土中采用复打法或采用下部带喇叭口的套管，在缩颈部位用反插法 (2) 在缩颈部位放置钢筋混凝土预制桩段 (3) 采用"慢拔密击"或"慢拔密振"法 (4) 按要求采用合适的坍落度8~10cm（配筋时），6~8cm（素混凝土）
桩身夹泥	(1) 采用反插法时，反插深度太大，反插时活瓣向外张开，把孔壁周围的泥挤进桩身 (2) 采用复打法时，桩管上的泥未清理干净，把管壁上的泥带入桩身混凝土 (3) 在饱和淤泥质土层中施工时，拔管速度过快，而混凝土坍落度太小，混凝土还未流出管外，土就涌入桩身	(1) 采用反插法时，反插深度不宜超过活瓣长度的2/3 (2) 采用复打法时，复打前应把桩管土的泥清理干净 (3) 在饱和淤泥质土中施工时，混凝土应搅拌均匀，和易性要好，坍落度应符合规范要求，拔管速度控制在0.5m/min

施工常见问题	产生原因	预防措施与处理方法
断桩	(1) 在流塑的淤泥质土中由于孔壁不能直立，混凝土的密度大于流塑淤泥质土，浇筑混凝土时，造成混凝土在该层中坍塌而断桩 (2) 拔管速度太快，混凝土尚未流出桩管外，周围的土迅速回缩造成断桩 (3) 桩成型后尚未达初凝强度，由于振动对于上层较硬下层软弱土层的波速不一样产生剪切力将桩剪断 (4) 混凝土粗骨料粒径太大，浇筑混凝土时在管内发生"架桥"现象，造成断桩	(1) 采用局部反插法或复打法，复打深度必须超过断桩区 1m (2) 采用正常拔管速度，如在流塑淤泥质土中拔管速度不得大于 0.5m/min (3) 控制桩距大于 3.5 倍桩径，或采用跳打法施工以加大桩的施工间距，跳打时必须在相邻成型的桩达到设计强度的 60% 以上方可进行 (4) 在断桩部位放置钢筋混凝土预制桩段 (5) 按规范要求严格控制粗骨料粒径
吊脚桩	(1) 桩入土较深，且进入低压缩性亚黏土层，浇完混凝土后开始拔管时，活瓣桩尖被周围土包围压住而打不开，拔至一定高度后，混凝土才流出管外，桩的下部没有或混凝土不密实形成吊脚桩 (2) 在有地下水的情况下，封底混凝土灌得过早，桩管下沉时间又较长，封底混凝土经长时间振动被振实，在管底形成"塞子"，堵住了桩管下口，使混凝土无法流出 (3) 预制钢筋混凝土桩尖的混凝土质量差，强度不足，在沉管时被挤入桩管内，堵住管口，使混凝土不能流出管外	(1) 根据建筑物荷载、工程地质条件等情况合理选择桩长，尽可能使桩不进入低压缩性土层中去，以防止混凝土落不下去 (2) 合理掌握封底混凝土的灌入时间，一般在桩管沉至地下水位以上 0.5~1.0m 时灌入封底混凝土 (3) 严格检查预制钢筋混凝土桩尖的强度及规格，沉管时可用浮标检查桩尖是否在施工中被压入桩管。若发现已被压入桩管，则应及时拔出纠正或将桩孔回填后重新沉管
钢筋下沉	新灌注的混凝土处于流塑状态，由于相邻桩沉入桩管的振动，使桩顶钢筋或钢筋笼沉入混凝土	钢筋或钢筋笼放入混凝土后，用木棍将钢筋或钢筋笼的上部固定起来

施工常见问题	产生原因	预防措施与处理方法
混凝土用量过大	（1）在饱和淤泥或淤泥质软土中施工，由于土质受到沉管振动的扰动，使强度大大降低，经不住混凝土的侧压力，使混凝土灌入时发生扩散，桩身扩大 （2）地下遇有枯井、坟坑、溶洞、下水道、防空洞等洞穴，使混凝土灌注时流失	（1）对在饱和淤泥或淤泥质软土中采用沉管灌注桩施工时，宜先打试桩，若发现混凝土用量过大，可改用其他桩型 （2）施工前应详细了解施工现场内的地下洞穴情况，预先挖开清理，然后用素土填死再沉桩
桩管内进入水及泥浆	（1）活瓣桩尖合拢后有较大的缝隙或预制桩尖与桩管接触不严密，地下水及泥浆从缝隙进入桩管 （2）桩管下沉时间较长 （3）地下水丰富或有较厚的淤泥质土	（1）活瓣桩尖加工要符合要求，对缝隙较大的活瓣桩尖或预制桩尖要及时修理或更换。在预制桩尖与桩管接触处，缠绕麻绳或垫硬纸板等，使桩尖与桩管严密贴合 （2）选择合理的沉管工艺，缩短沉管时间 （3）当桩管沉至地下水位以上 0.5m 时，先灌注 0.05～0.1m³ 的封底混凝土，把桩管底部的缝隙用混凝土堵住，使水及泥浆不能进入管内
灌注桩达不到最终设计要求	（1）勘探点不够或勘探资料不详，对工程地质情况不明，尤其是持力层的起伏标高不明，致使设计考虑持力层或选择桩尖标高有误 （2）设计要求过严，超过施工机械能力 （3）桩锤选择太小或太大，使桩沉不到或已沉过设计要求的控制标高 （4）遇有 $N>25$ 的硬夹层，且夹层厚度大于 1m，或遇大块石头、混凝土块等地下障碍物	（1）施工前详细探明工程地质情况，必要时应作补助，正确选择持力层或桩尖标高 （2）施工前在不同部位试桩，若难于满足最终控制要求，应拟定补救措施或重新考虑成桩工艺 （3）根据工程地质条件、桩断面及自重，合理选择施工机械 （4）根据工程地质条件，了解硬夹层情况，对可能穿不透的硬夹层，应预先采取措施，对地下障碍物必须预先清理干净

施工常见问题	产生原因	预防措施与处理方法
桩管内进入水及泥浆	(1) 桩管长径比太大, 刚度较差, 在沉入过程中, 由于桩管的弹性弯曲而使锤击或振动能量减小, 不能传至桩尖处 (2) 对振动沉桩机的振动参数 (激振力、振幅、频率等) 选择不合适或由于正压力不够而使桩管沉不下去	(1) 根据工程地质资料, 选择合适的沉桩机械, 桩管的长径比不宜大于40 (2) 根据工程地质条件, 选择合适的振动参数。沉桩时如正压力不够而沉不下去, 可采取加配重或加压的办法来增加正压力。锤击沉管时, 如锤重不够, 可更换大一级的桩锤

3. 干作业成孔灌注桩

干作业成孔灌注桩施工常见问题、产生原因及处理方法, 见表 4-14。

干作业成孔灌注桩施工常见问题、产生原因及处理方法　表 4-14

施工常见问题	产生原因	预防措施与处理方法
塌孔	(1) 孔底有砂卵石、卵石使孔壁不能直立 (2) 钻进的土层为流塑淤泥质土层, 这些土层因不能直立而塌落 (3) 局部有上层滞水渗漏作用, 使该层土体塌落	(1) 采用钻探的办法, 保证有效桩长满足设计要求 (2) 先钻至塌孔以下 1~2m, 用豆石混凝土或低强度等级混凝土 (C5~C10) 填至塌孔以上 1m, 待混凝土初凝后, 再钻孔至设计标高 (3) 采用电渗井降水, 或在该区域内, 先钻若干个孔, 深度透过隔水层至砂层, 在孔内填入级配卵石, 让上层滞水渗漏到桩孔下砂层后再钻孔施工
桩孔偏斜	(1) 地面不平, 导向设施有偏差, 钻架不直或钻杆弯曲, 钻杆刚度不足 (2) 钻进时, 地层由软土突变至硬土层时, 钻进速度变慢而随意对钻头加压快进, 使钻孔出现急剧弯曲而成拐脚孔 (3) 钻进时遇有地下障碍物、孤石等	(1) 施工前对安装好的钻机设备作全面检查, 做到水平、稳固。对钻杆、钻杆接头、钻杆与转轴之间的接头要逐个检查, 保证钻杆顺直不弯曲, 钻杆要有足够刚度 (2) 操作时, 由软土地层变成硬地层时, 要少加压慢给进 (3) 可改换筒式钻头钻进, 若还不行可挪位另行钻孔

施工常见问题	产生原因	预防措施与处理方法
钻进困难	(1) 遇有坚硬土层，如硬塑亚黏土、灰土等，遇到地下障碍物，如石块、混凝土块等 (2) 钻机功率不够，钻头倾角、转速选择不合适 (3) 钻进速度太快或钻杆倾斜太大，造成蹩钻	(1) 换成在刃口上镶焊硬质合金刀头的尖底钻头 (2) 在石块、混凝土块不深时，可提出钻杆，清理后再钻。如大块障碍物较深，不易挖则改变桩位再钻 (3) 根据工程地质条件，选择合适的钻机、钻头及转速 (4) 施工时钻杆要直，并控制钻进速度
孔底虚土多	(1) 松散填土或含有大量炉灰、砖头、垃圾等杂物的土层，以及流塑淤泥、砂卵石、卵石夹层等土中，成孔过程中或成孔后土体容易坍落 (2) 孔口土未及时清理干净，甚至孔口周围有大量钻土堆积，钻杆提出孔后，积土回落 (3) 成孔后，孔口未放盖板或盖板未盖好，孔口土经扰动而回落孔内 (4) 钻杆加工不直或在使用过程中变形，钻杆连接法兰不平，使钻杆拼接后弯曲，造成孔颈增大或局部扩大。提钻时，土从叶片和孔壁之间的空隙掉落孔底 (5) 安放混凝土漏斗或钢筋笼入孔时，孔口土或孔壁土遭碰撞而掉入孔底 (6) 成孔后未及时灌注混凝土，被雨水冲刷或浸泡 (7) 施工工艺选择不当	(1) 仔细探明地质条件，尽可能避开引起大量塌孔的地点施工 (2) 及时清理孔口及其周围的积土，成孔后，应立即在孔口盖上盖板，尽可能避免人或车辆在孔口盖板上行走，以免扰动孔口土，当天成孔当天灌注混凝土 (3) 施工前或施工过程中，对钻杆、钻头应经常进行检查，校直钻杆或更换，填平钻杆连接法兰 (4) 混凝土漏斗或钢筋笼竖直地入孔 (5) 当天成孔，必须当天灌注混凝土 (6) 对不同的工程地质条件，应选用不同的施工工艺一次钻至设计标高，在原位旋转片刻后停转，再提钻，一次钻至设计标高以上1m左右，提钻甩土，再钻至设计标高后停转，再提钻，钻至设计标高后，边旋转边提钻

施工常见问题	产生原因	预防措施与处理方法
扩孔底虚土多	(1) 清孔没有清理干净,清孔时要求扩孔刀片比原扩孔时位置约低 5cm "扫膛" 一次,而施工时没有做到 (2) 松散填土或含有大量炉灰、砖头、垃圾等杂物的土层,以及流塑淤泥、松散砂、砂卵石、卵石夹层等土中,成孔后或成孔过程中土体容易坍落 (3) 孔口的土未及时清理,甚至在孔口周围堆积有大量钻出的土,当钻杆提出孔口后,孔口积土回落 (4) 安放混凝土漏斗或钢筋笼时,孔口土或孔壁土被碰撞掉入孔底 (5) 成孔后未及时浇灌混凝土,被雨水冲刷或浸泡	(1) 施工中应严格执行施工操作规程,把好质量关。虚土过多时,应重新进行清孔,直到满足规范要求为止 (2) 仔细探明地质条件,尽可能避开引起大量塌孔的地点施工 (3) 应及时清理孔口及其周围的积土,以防落入孔底 (4) 安放混凝土漏斗或钢筋笼时,要竖直入孔 (5) 必须在成孔当天灌注混凝土
孔形不完整	(1) 钻直孔时,孔的垂直偏差过大或孔径小于扩孔器直径,造成在放扩孔器时破坏孔形 (2) 扩孔器发生故障或扩孔刀片连杆机构中夹有石子,使扩孔刀片合不拢,提扩孔器时破坏孔形 (3) 扩孔时,由于切削土量过多,储土筒内储存不下而存于扩孔刀片中,致使刀片收不拢,在强制提扩孔器时破坏孔形	(1) 钻直孔时,严格要求孔垂距,且孔径应略大于扩孔器的直径,如钻杆直径小于扩孔器时应及时更换 (2) 每次提出扩孔器清理储土筒内土时,应仔细清理扩孔器连杆机构部位的土,并检查扩孔刀片的动力源是否安全可靠 (3) 扩孔刀片应缓缓张开,每次扩孔切削的土量以储土筒填满为止,不可多切削土,以致扩孔刀片合不拢。一次扩孔达不到设计要求时,可进行二次或多次扩孔
桩身混凝土质量差	(1) 水泥过期,骨料含泥量大或不符合要求,混凝土配合比不当,造成桩身强度低 (2) 桩身混凝土浇灌时没有按操作工艺边浇边振捣,致使混凝土不密实,出现蜂窝、空洞等现象 (3) 每盘混凝土的搅拌时间及加水量不一,致使桩身出现分段不均匀混凝土离析	(1) 按规范要求选择水泥和骨料,正确选择配合比 (2) 浇灌混凝土时,要严格按照操作工艺浇边振捣,桩顶以下 4～5m 范围内的混凝土,必须用振捣棒振实 (3) 每盘混凝土的搅拌时间、加水量应一致,为保证混凝土的和易性,可掺入外加剂

五、桩基检测概述

桩基础作为基础工程的重要组成部分，其施工质量的好坏，对工程的承载能力有着极大的影响，但由于其施工基本是在地下进行，处于隐蔽的施工过程中，怎样评价桩基础的施工质量成为桩基础施工的一个重要的组成部分。

(一) 桩基的检测目的及常用方法

桩基检测可分为施工前为设计提供依据的试验桩检测和施工后为验收提供依据的工程桩检测。基桩检测应根据检测目的、检测方法的适应性、桩基的设计条件、成桩工艺等，按表5-1合理选择检测方法。当通过两种或两种以上检测方法的相互补充、验证，能有效提高基桩检测结果判定的可靠性时，应选择两种或两种以上的检测方法。

检测目的及检测方法　　　　　　　　　　　　表 5-1

检测目的	检测方法
确定单桩竖向抗压极限承载力 判定竖向抗压承载力是否满足设计要求 通过桩身应变、位移测试，测定桩侧、桩端阻力，验证高应变法的单桩竖向抗压承载力检测结果	单桩竖向抗压静载试验
确定单桩竖向抗拔极限承载力 判定竖向抗拔承载力是否满足设计要求 通过桩身应变、位移测试，测定桩的抗拔侧阻力	单桩竖向抗拔静载试验
确定单桩水平临界荷载和极限承载力，推定土抗力参数 判定水平承载力或水平位移是否满足设计要求 通过桩身应变、位移测试，测定桩身弯矩	单桩水平静载试验

检测目的	检测方法
检测灌注桩桩长、桩身混凝土强度、桩底沉渣厚度，判定或鉴别桩端持力层岩土性状，判定桩身完整性类别	钻芯法
检测桩身缺陷及其位置，判定桩身完整性类别	低应变法
判定单桩竖向抗压承载力是否满足设计要求 检测桩身缺陷及其位置，判定桩身完整性类别 分析桩侧和桩端土阻力 进行打桩过程监控	高应变法
检测灌注桩桩身缺陷及其位置，判定桩身完整性类别	声波透射法

当设计有要求或有下列情况之一时，施工前应进行试验桩检测并确定单桩极限承载力：

1. 设计等级为甲级的桩基。

2. 无相关试桩资料可参考的设计等级为乙级的桩基。

3. 地基条件复杂、桩基施工质量可靠性低。

4. 本地区采用的新桩型或采用新工艺成桩的桩基。

施工完成后的工程桩应进行单桩承载力和桩身完整性检测。

桩基工程除应在工程桩施工前和施工后进行桩基检测外，尚应根据工程需要，在施工过程中进行质量的检测与监测。

下面就几种常见的检测方法做个简单的介绍。

1. 钻芯检测法：由于大直钻孔灌注桩的设计荷载一般较大，用静力试桩法有许多困难，所以常用地质钻机在桩身上沿长度方向钻取芯样，通过对芯样的观察和测试确定桩的质量。但这种方法只能反映钻孔范围内的小部分混凝土质量，而且设备庞大、费工费时、价格昂贵，不宜作为大面积检测方法，而只能用于抽样检查，一般抽检总桩量的 3%～5%，或作为无损检测结果的校核手段。

2. 振动检测法：又称动测法。它是在桩顶用各种方法施加一个激振力，使桩体及至桩土体系产生振动。或在桩内产生应力波，通过对波动及波动参数的种种分析，以推定桩体混凝土质量及总体承载力的一种方法。这类方法主要有四种，分别为敲击法和锤击法、稳态激振机械阻抗法、瞬态激振机械阻抗法、水电效应法。

3. 超声脉冲检验法：该法是在检测混凝土缺陷的基础上发展起来的。其方法是在桩的混凝土灌注前，沿桩的长度方向平行预埋若干根检测用管道，作为超声检测和接收换能器的通道。检测时探头分别在两个管子中同步移动，沿不同深度逐点测出横断面上超声脉冲穿过混凝土时的各项参数，并按超声测缺原理分析每个断面上混凝土质量。

4. 射线法：该法是以放射性同位素辐射线在混凝土中的衰减、吸收、散射等现象为基础的一种方法。当射线穿过混凝土时，因混凝土质量不同或因存在缺陷，接收仪所记录的射线强弱发生变化，据此来判断桩的质量。

（二）桩检测的主要内容

1. 桩的几何受力检验条件

桩的几何受力条件检验包括：桩的平面布置、桩身倾斜度、桩顶和桩底标高。

2. 桩身质量的检验

桩身质量的检验，要对桩的尺寸、构造及其完整性进行检测，验证桩的制作或成桩的质量。

（1）预制桩

预制桩应对钢筋骨架、尺寸量度、混凝土配制强度等级和浇筑方面进行检测。

检测的项目有：主筋间距、箍筋间距、吊环位置与露出桩表面的高度、桩顶钢筋网片位置、桩尖中心线、桩的横截面尺寸和桩长、桩顶平整度及其与桩轴线的垂直度和钢筋保护层厚度等。

混凝土质量应检查：原材料质量与计量、配合比和坍落度、桩身混凝土试块强度、成桩后表面有否产生蜂窝麻面、收缩裂缝的情况。

（2）钻孔灌注桩

桩身质量取决于：钻孔成孔与清孔、钢筋笼制作与安放、水下混凝土配制与灌注、检验孔径应不小于设计桩径。

钻孔灌注桩成桩后的钻孔灌注桩身结构完整性检验。检测方法常用低应变法和声波透射法。

低应变法是采用低能量瞬态或稳态方式在桩顶激振，实测桩顶部的速度时程曲线，或在实测桩顶部的速度时程曲线同时，实测桩顶部的力时程曲线，通过波动理论的时域分析或频域分析，对桩身完整性进行判定的检测方法。

声波透射法是在预埋声测管之间放射并接收声波，通过实测声波在混凝土介质中传播的声时、频率和波幅衰减等声学参数的相对变化，对桩身完整性进行检测的方法。声测管布置如图 5-1 所示。

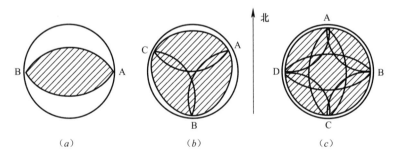

图 5-1　声测管布置示意

（a）2 根管；（b）3 根管；（c）4 根管

A、B、C、D 为检测管埋设位置

3. 桩身强度与单桩承载力检验

（1）桩身强度

预留试块对于水下混凝土应高出 20%，对于大桥的钻孔桩有必要时应抽查，钻取混凝土芯样检验抗压强度，同时可以检查桩底沉淀土实际厚度和桩底土层情况，钻孔桩在凿平桩头后也应抽查桩头混凝土抗压强度。

（2）单桩承载力

施工过程中打入桩最终贯入度和桩底标高进行控制，钻孔灌注桩缺少在施工中监测承载力的直接手段，成桩可做单桩承载力的检验。采用单桩静载试验和高应变动力试验确定单桩承载力。

大桥及重要工程，地质条件复杂或成桩质量可靠性较低的桩基工程，均需做单桩承载力的检验。

六、桩基施工安全技术管理

（一）桩基施工安全技术操作规程

1. 一般规定

（1）进场施工前必须根据建设方提供的施工场地及附近的高、低压输电线路、地下管线、通信电缆及周围构筑物等分布情况的资料进行现场踏勘。在山谷、河岸或水上施工，应搜集了解地质地形、历年山洪和最高水位、最大风力、雷雨季节及年雷暴日数等气象和水文资料，并制定专项安全施工组织设计。

（2）自制或改装的机械设备，必须有设计方案、设计图纸、设计计算书、保证使用安全的防护装置以及保证制作质量的技术措施、使用前对机械设备进行鉴定和验收的技术标准、使用说明书及安全技术操作规程，并必须经项目部总工程师审核批准。各种自制或改装的机械设备，在投入使用前，必须经公司设计、制作、安装、设备管理、技术及安全管理、施工现场等各方有关人员按设计要求进行鉴定验收合格后，方可投入使用。

（3）桩基工程施工现场临时用电线路应采用电缆敷设，临时用电线路的敷设应符合专项安全用电施工组织设计的要求及本规程第十五章的有关规定，对经常需要移动的电缆线路，应敷设在不易被车辆碾轧、人踩及管材、工件碰撞的地方，且不得置于泥土和水中。电工每周至少必须停电检查一次电缆外层磨损情况，发现问题必须及时处理。电缆通过临时道路时，应用钢管做护套，挖沟埋地敷设并设置牢固、明显的方位标志。

（4）每台机械设备用电必须设置专用的开关柜或开关箱，

柜（箱）内必须安装过流、过载、短路及漏电保护等电器装置。机械设备和开关柜设置的保护接零或接地、开关柜（箱）的防雨、防潮措施及柜（箱）内开关电器装置、开关柜（箱）的安装等应符合《施工现场临时用电安全技术规范》JGJ 46 的有关规定。

（5）夜间施工应有安全和足够的照明，手持式行灯应使用安全电压。在遇突然停电，作业人员需要及时撤离作业点时，必须装设自备电源的应急照明装置。照明灯具的选择、安装、使用等应符合《施工现场临时用电安全技术规范》JGJ 46 的有关规定。

（6）使用自备发电机组，应有专人管理，并应符合《施工现场临时用电安全技术规范》JGJ 46 的有关规定。

（7）各型钻机应由熟练钻工操作，主操作人员应持证上岗。所有孔口作业人员必须戴好安全帽，穿防滑鞋。

（8）设备运转时，严禁任何人触摸、跨越转动、传动部位和钢丝绳。严禁钻盘上站人。

（9）升降钻具（或冲抓作业）时，孔口作业人员应站在钻具起落范围之外。

（10）升降钻具前，必须检查升降机制动装置和离合器及操作把工作状况是否正常，检查提引器防脱钩锁是否牢靠。

（11）升降作业时，不得用手直接清洗钻具。在钻具悬吊情况下，不得检查和更换砥头翼片。

（12）用转盘扭卸钻杆时，垫叉应有安全钩，禁止使用快速挡。遇扭卸不动情况应改用人力大锤敲打振动，禁止使用机械或液压系统强行扭卸。

（13）放倒、卸下钻具时，禁止人员在钻具倒下范围内站立或通过，同时不得碰撞孔口附近的电缆、电线。向下拖拉卸下钻具时，只能用手托住钻杆向外拉，禁止将钻杆放在肩上拖拉。

（14）塔上作业人员必须系好安全带，钻架平台上禁止放置材料和工具。

（15）处理孔内事故应遵守下列规定：

1）应先了解分析孔内情况，包括下人孔内钻杆，工具的连接牢固程度等情况。同时，必须对现场有关设备、工具等安全状况进行检查。

2）严禁超负荷强力起拔事故钻具。

3）反钻具时，应使用钢丝绳反管器，使用链钳反管时应有反管安全措施，在反弹范围内不得站人。不得使用管钳反管。

4）顶、反钻具时，除直接操作人员外，其他人员应撤至安全地带。

5）严禁操作人员贸然入孔内。

（16）作业现场进行电、气焊作业，应遵守有关规定。

（17）作业中，当停机时间较长时，应将桩锤落下垫好。检修时不得悬吊桩锤。

（18）需要爆破作业配合时，应严格遵守《爆破安全规程》GB 6722。

（19）工地内的危险区域应用围栏、盖板等设置牢固可靠的防护，并设置警告标志牌，夜间应设红灯示警。

（20）钻机施工必备的泥浆池（水池）、沉淀池、循环槽等的布设，应遵守"安全、需要、方便、环保、文明"的原则。

（21）遇有雷雨、大雾和六级及以上大风等恶劣气候时，应停止一切作业。当风力超过七级或有风暴警报时，应将打桩机顺风向停置，并应增加缆风绳，或将桩立柱放倒在地面上。立柱长度在27m及以上时，应提前放倒。

（22）作业后，应将打桩机停放在坚实平整的地面上，将桩锤落下垫实，并切断动力电源。

2. 设备安装、拆卸与迁移

（1）各种机械设备的安装和拆除应严格按照其出厂说明书及编制的专项安装、拆除方案进行。

（2）机械设备在迁移前，应查明行驶路线上的桥梁、涵洞的上部净空及道路、桥梁的承载能力。通过桥梁时，应采用低速挡慢行，在桥面上不得转向或制动。承载能力不够的桥梁，必须事先制定加固措施。

（3）机械设备必须安装在平整、坚实的场地上，遇松软的场地必须先夯实，并加垫基台木和木板。在台架上作业的钻机，钻机底盘与台架必须可靠连接。

（4）机械设备必须安装稳固、周正水平。回转钻机的回转中心、冲击（冲抓）钻机钻架天车滑轮槽缘的铅垂线应对准桩位置，偏差不得大于设计允许值（10～15mm）。

（5）必须在机械设备的传动部分（明齿轮、万向轮、皮带和加压轮）的外部安装牢固的防护栏杆或防护罩，加压轮用的钢丝绳必须加防护套。

（6）铺设在台架（平台）上的木板厚度不得小于50mm。当采用钢板铺设时，钢板板面应有防滑措施。

（7）塔架的梯子、工作台及其防护栏杆必须安装牢固、可靠，防护栏杆净高度应不低于1.2m。滑轮与天车轮必须使用铸钢件，天车轮要有天车挡板。必须装上钢丝绳提升限位器和防止钢丝绳跳槽的安全挡板。

（8）塔架不得安装在架空输电线路的下方，塔架竖起（安装）或放倒（拆卸）时，其外侧边缘与架空输电线的边线之间必须保持一定的安全操作距离。

（9）安装、拆卸和迁移塔架时，必须服从机（班）长或技术人员的统一指挥，严禁作业人员上下抛掷工具和物件，严禁塔上塔下同时作业，严禁在塔上或高处位置存放拆装工具和物件。在整体竖起或放倒塔架时，施工人员应离开塔架倒俯范围。

（10）设备在现场内迁移时，作业人员应先检查并清除途中的障碍物，必须设专人照看电缆，防止轧损。无关人员应撤至安全地带。

（11）采用轨道、滚筒方式移动平台时，作业人员应先检查轨道、滑轮、滚筒、钢丝绳、支腿油缸等安全情况，移动时应力求平稳、匀速，防止倾倒。

（12）车装铺机移位时，要放倒桅杆，拆除电缆、胶管，钻车到位后，立即用三角木楔紧车轮，并保证支腿坐落在基台木上。

（13）用汽车装运机械设备时，要将物件放稳绑牢，装卸应由有经验的人指挥。禁止超荷装载。人力装卸车时所用跳板必须有足够的强度，并设有防滑隔挡，架放坡度不得大于20°，落地一端要有防滑动措施。

（14）冲击钻、冲抓锥的三脚架或人字架的安装高度不得低于7.5m，两腿间角度不小于75°，底腿要固定，装好平拉手，安全系数不小于5，钢丝绳安全系数不小于6。

3. 桩位放样

（1）测量人员在测量前应了解作业区域有无未及时回填的桩孔。测量、立尺时不得倒退行走。

（2）在架空输电线路附近测量时，标尺定点立尺、收尺时应注意保持与四周及上空的架空输电线路的安全操作距离。

（3）测量钉桩时不得对面使锤，并应注意周围作业人员的安全。钢钎和其他工具不得随意抛掷。

（4）遇雷雨时不得在高压线、大树下工作及停留。

4. 埋设护筒

（1）裸孔开挖时，挖掘深度一般不超过2m；否则，必须采取护筒跟进或浇筑混凝土护壁围壁等措施。

（2）挖掘深度超过2m时，应在孔边设置防护栏杆，防护栏杆应符合《建筑施工高处作业安全技术规范》JGJ 80中的有关要求。

（3）孔内有人挖掘作业，孔口必须有人监护。如孔内出现异常情况，应及时将作业人员提升到地面，并立即报告施工负责人处理。排除险情后，方可继续作业。

（4）在腐殖土较厚地层挖孔时，应采取有效的通风措施，并应有专人监测有毒有害气体。如孔内散发出异味，应立即暂停作业撤至地面，并报告施工负责人，查明原因，采取有效措施后方可继续施工。

（5）孔内挖掘遇有大石块需要吊运清出时，在装好石块后，孔内人员必须上到地面后，才能吊运石块。

（6）孔内需要抽水，应在挖孔作业人员上到地面后再进行，水泵必须加装漏电保护装置。

（7）在易塌的砂层宜采用双层护筒方法施工，在外层护筒内挖砂土，以便护筒跟进，挖到预定深度，再安设正式护筒。

（8）停止作业时，孔口应用盖板盖严并设置围栏和警告标志牌。

5. 打混凝土预制桩

（1）吊桩前应将桩锤提升到一定位置固定牢靠，防止吊桩时桩锤坠落。

（2）起吊时吊点必须正确，速度要均匀，桩身应平稳，必要时桩架应设缆风绳。

（3）桩身附着物要清除干净，起后人员不准在桩下通过。

（4）吊桩运桩发生干扰时，应停止运桩。

（5）插桩时，手、脚严禁伸入桩与龙门之间。

（6）用撬棍或板舶等工具校正桩时，用力不宜过猛。

（7）打桩时应采取与桩型、桩架和桩锤相适应的桩帽及衬垫，发现损坏应及时修整或更换。

（8）锤击不宜偏心，开始落距要小。如遇贯入度突然增大、桩身突然倾斜、位移、桩头严重损坏、桩身断裂、桩锤严重回弹等应停止锤击，采取措施后方可继续作业。

（9）熬制胶泥要穿好防护用品。工作棚应通风良好，注意防火。容器不准用锡焊，防止熔穿泄漏；胶泥浇筑后，上节桩应缓慢放下，防止胶泥飞溅。

（10）套送桩时，应使送桩、桩锤和桩三者中心在同一轴线上。

（11）拔送桩时应选择合适的绳扣，操作时必须缓慢加力，随时注意桩架、钢丝绳的变化情况。

（12）送桩拔出后，地面孔洞必须及时回填或加盖。

6. 钻进成孔

（1）操作泵吸反循环回转钻时应遵守下列规定：

1）作业前检查钻机传动部位的各种安全防护装置，紧固所有螺栓，将地面管线与孔内钻具可靠连接，做到不漏、不堵。

2）开动钻机前，应先启动砂石泵，等形成正常反循环后才能开动钻机慢速回转下放钻头入孔，待钻头正常工作后逐渐加大转速，调整钻压。

3）钻机主操作手应精力集中，随时观察机械运转情况和指示仪表量值显示，感知孔内反映信息，及时调整技术参数。

4）加接钻杆时，应先停钻并将钻具提升离孔底 1m 左右，让冲洗液循环 1～2min，然后停泵加接钻杆，并拧紧上牢。防止螺栓、螺母或工具等掉入孔内。

5）钻进成孔过程中若孔内出现塌孔、涌砂等异常情况，应将钻具提升离开孔底控制泵量，在保持冲洗液循环的同时向孔内输送性能符合要求的泥浆。

6）起钻操作要轻稳，防止钻头拖刮孔壁，并向孔内补入适量冲洗液。

（2）操作正循环回转钻时应遵守下列规定：

1）检查冲洗液循环系统是否齐全可靠，并根据钻进地层性质调配重度、黏度适宜的冲洗液（泥浆）。

2）应严格遵守正循环钻进启动程序，即：①下钻具入孔内，使钻头距孔底渣面 50～80mm；②开动泥浆泵，让冲洗液循环 2～3min；③启动钻机，并遵循先轻压慢转，逐渐增加转速、增大钻压。

3）正常钻进时，应随时掌握升降机、钢丝绳的松紧度，减少钻杆和水龙头晃动。

4）钻进过程中若遇易塌地层，应适当加大泥浆的重度和黏度。

（3）潜水电钻成孔作业应遵守下列规定：

1）电钻上应加焊吊环，拴上钢丝绳通至孔口吊住。电钻必须安设过载保护装置，其跳闸电流为80～100A。

2）升降电钻或钻进过程中要有专人负责收放电缆和进浆胶管，钻进中送放要及时，应勤放少放；提升钻具时，卷扬机操作手与收放线人员要配合好，防止提快收慢。

（4）冲抓锥成孔作业应遵守下列规定：

1）应先收紧内套钢丝绳将锥提起，检查锥的中心位置是否与护筒中心一致。检查锥架、底腿是否牢固。检查卷扬机和自动挂脱部件动作是否灵活、可靠。

2）对卷扬机的操作要平稳，要控制好放绳量，发现钢丝绳摆动剧烈时，要停止作业并查明原因。

3）应根据冲抓岩土的松散度选择合适的冲程：冲抓松散层宜选小冲程（0.5～1.0m）；冲抓砂卵石层宜选中等冲程（1～2m）；当砂卵石较密实时可加大冲程（2～3m）。

（5）冲击钻成孔作业应遵守下列规定：

1）施钻前的检查应遵守本节第四条第一款的规定。

2）冲击钻进时应控制好钢丝绳放松量，既要防止放得过多，也要防止放得过少，放绳要适量。若用卷扬机施工应采取有效措施控制冲程。冲击钻头下到孔底后要及时收绳提起钻头。

3）在基岩中冲击钻进时，宜采用高冲程（2.5～3.5m）。其他岩性层中的冲程量参见本节第四条第三款。

4）每次捞渣后，应及时向孔内补充泥浆或黏土，保持孔内水位高于地下水位1.5～2m。

5）作业时，孔口附近禁止站人。

（6）螺旋钻成孔作业应遵守下列规定：

1）开钻前应纵横调平钻机，安装导向套。

2）开孔时，应缓慢回转，保持钻杆垂直。

3）钻进时，应保持钻具工作平稳，随时清理孔口积土。发生卡钻、夹钻时，不得强行钻进或提升，应缓慢回转，上下活动。

（7）沉管桩施工应遵守下列规定：

1）检查桩尖埋设位置是否与设计桩位相符合，钢管套入桩尖后应保持两者轴线一致。

2）给钢管施加的锤击（或振动）力应均匀，让施加力落于钢管中心，严禁打偏锤。

3）成孔过程要随时注意桩管沉入情况，控制好收放钢丝绳的长度。向上拔管时，要垂直向上边振动边拔。遇到卡管时，不得强行蛮拉。

4）采用二次"复打"方式时，应清除钢管外的泥沙，前后两次沉管的轴线应重合。

5）用振动沉管法成孔时，开机前操作人员必须发出信号，振动锤下禁止站人，用收紧钢丝绳加压时，应随桩管沉入随时调整钢丝绳，防止抬起机架。

6）在打沉管桩时，孔口和桩架附近不得有人站立或停留。

7）停止作业时，应将桩管底部放到地面垫木上，不得悬吊在桩架上。

8）在桩管打到预定深度后，应将桩锤提升到 4m 以上锁住后，才可检查桩管、浇筑混凝土。

7. 人工挖孔

（1）施工现场所有设备、设施、安全防护装置、工具、工件以及个人防护用品必须经常检查，确保完好和正确使用。

（2）人工挖孔作业施工用电应符合本章第一节的有关规定，桩孔内作业如需照明，必须使用安全电压，灯具应符合防爆要求，孔内电缆必须固定并有防破损、防潮的措施。

（3）夜间禁止人工挖孔作业。

（4）多孔施工应间隔开挖，相邻的桩孔不能同时进行挖孔作业。

（5）孔口操作平台应自成体系，防止在护壁下沉时被拉垮。

（6）孔内作业人员必须戴安全帽，作业时不得吸烟，不得穿化纤衣裤，不得在孔内使用明火。同一人在孔内连续作业时间不得超过 2h。

（7）班前和施工过程中，要随时检查起重设备各部件是否牢固、灵活；支腿是否牢固稳定；起重钢丝绳及其与挂钩的连接、挂钩的安全卡环、防坠保护装置等是否牢固、可靠；提桶是否完好，发现问题应及时修理或更换。

（8）必须遵守逐节施工的原则，即必须做到挖一节土，做一节混凝土护壁。孔内开挖作业必须待护壁稳定后再挖下一节。

（9）桩孔扩底（适宜于黏土层、硬实砂土层）应采用间隔削土法，留一部分土做支撑，待浇灌混凝土前再挖支撑土。淤泥层、松散沙层（含流沙层）不宜人工扩底。

（10）正在施工的桩孔，每天班前应将积水抽干，并用鼓风机向孔内送风至少 5min，经检测符合要求后方可下人作业。当孔深超过 10m 时，地面应配备向孔内送风的专用设备，风量不宜少于 25L/s，孔底凿岩时尚应加大送风量。

（11）孔内有人作业，孔口应有专人监护。发现护壁变形、涌水、流沙以及有异味气体等情况时，应立即停止作业，并迅速将孔内作业人员撤至地面，并报告施工负责人处理，在排除隐患后方可继续施工。

（12）开挖复杂的土层结构时，每挖 0.5～1.0m 应用手钻或不小于 $\phi16$ 钢筋对孔底做品字形探查，检查孔底面以下是否有洞穴、涌砂等，确认安全后，方可继续作业。

（13）作业人员上下孔井，应使用安全性能可靠的吊笼或爬梯，使用吊笼时，起重机械各种保险装置必须齐全有效。不得用人工拉绳子运送作业人员或脚踩护壁凸缘上下桩孔。桩孔内壁应设置尼龙保险绳，并随挖孔深度增加放长至作业面，作为救急之备用。

（14）桩孔内作业需要的工具应放在提桶内递送，长柄工具应将重的一头放在提桶底部，上端用绳捆绑在起重绳上。禁止向孔内抛掷物品，禁止工具与土方混装提升。

（15）当桩孔探至5m以下时，应在孔底面3m左右处的护壁凸缘上设置半圆形的防护罩，防护罩可用钢（木）板做成，当装运挖出土方的提桶上下时，孔内作业人员必须停止作业，并站在防护罩下。由桩孔内往上提升大石块时，孔内不得有人，孔内作业人员在装载好物件后，必须先上到地面上后才可提升。

（16）孔底凿岩时应采用湿式作业法，并必须加大送风量。作业人员必须穿绝缘鞋，戴绝缘手套。

（17）排除孔内积水应使用潜水泵，不得用内燃机放在孔内作为排水动力，排水过程孔内不得有人。排水作业结束，必须在切断潜水泵电源后，作业人员方可进入孔内。

（18）挖出的土方应及时运走，桩孔周边2m范围内不得存放任何杂物或挖出的土方。

（19）机动车辆需在作业现场内通行时，必须制定安全防护措施，对其行驶路线进行专项规划，其行驶路线近旁的桩孔内不得有人作业。

（20）孔口地面应设置好排水系统，以防积水向孔内回灌。如孔口附近出现泥泞现象，必须及时清理。

（21）孔内停止作业时，必须盖好孔口或设置不低于1.2m的防护栏杆将孔口封闭围住，并应设立醒目的警示牌，夜间应设红灯示警。

（22）挖孔成型后，必须在当天验收并立即下置护筒或灌注混凝土，以防塌孔。

（23）混凝土护壁要高出地面20～30cm，防止土、石等杂物滚入孔内伤人。

8. 混凝土灌注

（1）运移钢筋笼的通道上不得有任何障碍物。多人合运钢筋笼必须保持起杠、落杠、抬运动作协调，使用的绳、杠要安全可靠。

（2）吊装钢筋笼时，吊钩与钢笼的连接要安全可靠。

（3）起吊钢筋笼入孔前，应先检查清理孔口附近的杂物、工具等物件，起吊过程中钢筋笼不得碰、挂电缆和其他物件、设备。在钢筋笼倒伏范围内禁止站人。

（4）向孔内下置钢筋笼时，必须吊直扶正，孔口作业人员要站在干净、清洁、无泥泞的地面上作业，下笼动作要缓慢、平稳。下笼遇阻时，应查清钢筋笼受阻原因，禁止作业人员在钢筋笼上踩踏加压或盲目采用其他加压方式强行下压钢筋笼。也不得回程提起钢筋笼盲目地向下冲、砸、墩。

（5）采用人力搬运灌浆管时，应该用木质杠子（长度 1.2m 以上）插入 2/3 后用手托着抬运。禁止使用金属杆（管）插入管内作业抬运工具，禁止放在肩上抬运。

（6）下置灌浆管前，应先将孔口周围的防护地板铺好，仔细检查灌浆管的接头丝扣是否完好并清洁、上油。

（7）起吊灌浆管时，禁止扶管人员用手托触管口底端扶送，升降机操作要平稳，防止管子甩荡伤人。

（8）下置导管途中遇阻时，要判明受阻原因，要防止导管偶受钢筋笼箍筋阻挡出现突然下沉而伤人。提起管子转动时，禁止反向转动。

（9）向储料斗内倒入的混凝土重量不得超过储料斗横梁及起吊绳索 U 形环、设备等允许的负荷量。

（10）储料斗被吊起运行时，其下方严禁站人，作业人员不得用手直接扶持料斗，只能用拉绳稳定料斗。

（11）灌浆过程中，升降机、吊车操作人员必须与孔口塔上人员紧密配合，应按孔口作业人员指令进行操作，操作动作要稳当、准确。

（12）升降和上下抖动导管时，任何人员不得站在漏斗下方，严禁作业人员站在漏斗上面观察混凝土下泄情况。

（13）在测定沉渣厚度和灌注高度时，孔口应停止其他作业。

（14）灌注完毕后，应认真做好以下工作：

1）对低于现场地面标高的桩孔孔口，要及时采取措施进行回填，不能及时回填的，应加盖并设防护栏杆和警告标志。

2）料斗应放回地面。需要拉到塔架上停放的，挂料斗的升降机一定要刹紧，并用绳子捆牢。

（二）人工挖孔桩施工的安全

建筑施工中，常采用人工挖孔桩施工作业。人工挖孔灌注桩系采用人工挖土成孔，浇筑混凝土成桩。这类桩的特点是受力性能可靠，单桩承载力高，结构传力明确，沉降量小；可一柱一桩，不需承台，不需凿桩头；可作支撑、抗滑、锚拉、挡土等用；可直接检查桩直径、垂直度和持力土层情况，桩质量可靠；可多桩同时进行，施工进度快；工程造价相对较低；不需要大型机械设备，施工操作工艺简单，在各地应用较为普遍，已成为大直径灌注桩施工的一种主要工艺方式。但是由于桩成孔工艺工人劳动强度较大，单桩施工速度较慢，安全性较差等问题，在人工挖孔桩施工中伤亡事故时有发生，且受伤事故类别呈多样化，需要认真研究并加以防范。

1. 人工挖孔桩施工的安全难点

人工挖孔是用人工自上而下逐层用镐、锹进行，遇坚硬土层由锤、钎破碎，弃土装入活底吊桶或箩筐内，垂直运输。在孔口安装支架，用 1～2t 慢速卷扬机提升，吊出地面后，再用其他运输工具运出。这个看似简单的作业过程，充满着高危险性。

（1）作业空间窄小

孔底挖孔作业人员始终处在吊物下面作业，孔底空间有限，极易受到物体打击；挖孔作业人员上下桩孔容易失稳发生坠落。

（2）作业环境复杂

人工挖孔灌注桩直径一般在 800mm 以上，深度在 20m 左右，最深可达 400m。可遇到无地下水或地下水较少的黏土、粉质黏土、含少量的砂、砂卵石、姜结石的黏土层、黄土层，也会遇到地下水位较高、涌水量大的冲击地带及近代沉积的含水量高的淤泥、淤泥质土层。挖孔过程中有时会突然出现涌水和涌泥。随着孔深的增加还会出现缺氧或严重缺氧，有时还会遇到致命的有毒有害气体。

（3）施工机具简单，但种类繁多，易造成伤害

施工提升机具包括：1～2t 卷扬机配三木塔、1t 以上的单轨链条式电动葫芦配提升金属架与轨道、活底吊桶。挖孔工具包括：短柄铁锹、镐、锤、钎、风镐。为满足安全用电要求，还应配有 36V 低压变压器。桩孔深度超过 5m，或孔内空气含氧量不足时要配鼓风机、输风管，有地下水还应配潜水泵及胶皮软管等。

（4）施工企业自身技术队伍质量不稳定，加之层层转包，挖孔桩多是未受过必要安全技术培训的农民工

2. 人工挖孔桩施工伤亡事故的类别

人工挖孔桩施工安全的难点，决定了人工挖孔桩施工伤亡事故的类别：

（1）高处坠落

地面作业人员或过往人员不慎坠入桩孔中或孔内作业人员在上下孔过程中失稳坠落孔底。

（2）物体打击

地面物体掉入桩孔中，孔中升降中的工器具下坠，活底吊桶或箩筐装载的弃土下坠或绳索断裂、吊桶脱钩下击中孔底作业人员。

（3）淹溺

遇有流沙或涌泥，或地下水位高、压力大，孔内瞬间大量涌水，孔内作业人员被淹没、掩埋。

（4）坍塌

孔壁没有护壁设施，或未按土质情况采取防流沙、涌泥措施，孔壁坍塌，掩埋孔底作业人员。

（5）触电

人工挖孔配备的施工机具中有部分电动机具和照明设施，因漏电造成作业人员触电。

（6）窒息

标准空气中氧气量的体积比为 20.95%。体积比低于 18% 时为缺氧，此时人有疲劳感，注意力减退，动作极易失误。空气中氧气体积比低于 12% 时，为严重缺氧，此时人有头痛、恶心、眼花、呕吐，甚至丧失意识、言行不能自主的症状。空气中氧气的体积比低于 6% 时，为致命缺氧，此时人心跳微弱，血压大幅度下降，抢救不及时，就会因停止呼吸和心跳而死亡。据兰州地区实际测定，井桩深度在 20m 时，空气中氧气含量低于 18%，还常常伴有某些有毒有害气体或惰性气体含量增加。人体因缺氧而窒息，吸入有毒有害气体会引起中毒缺氧，造成窒息，甚至瞬间死亡。

3. 人工挖孔桩伤亡事故的原因及对策

人工挖孔桩施工伤亡事故多发的原因主要是施工企业人工挖孔桩施工没有做到本质安全化，在对人工挖孔桩施工的危害辨识、危险评价的过程中没有系统地研究人工挖孔桩施工工艺各构成部分或整体系统可能发生事故的危险性及其产生途径，无法做到事先预测事故发生的可能性，没能掌握事故发生的规律；没有在施工组织设计、施工、运行管理中对事故发生的危险性加以辨识，不能根据对危险性评价的结果，提出相应的切实可行的安全技术措施，加强过程控制，消除事故隐患。无法从人、机具和施工环境上做到本质安全化。

（1）事故发生的原因

1）施工前没有进行认真研究

施工企业没有认真研究施工图纸、工程地质、水文地质勘察资料和人工挖孔桩施工的规范和规程，没有认真研究人工挖孔桩施工的工艺过程，提不出或没有提出人工挖孔桩施工安全技术措施，或虽已提出，但缺乏全面性、针对性和操作性，因而不能准确地对作业人员进行全面的安全技术措施交底，有的甚至不进行交底，人工挖孔桩作业人员没有安全指导措施。

2）作业人员安全素质低

施工企业人工挖孔桩施工的作业人员安全素质低，安全风险意识不强，自我保护意识差，安全操作技能差，容易发生误操作。相关人员缺乏救护知识，还会使事故蔓延、恶化和扩大。现场安全监督管理不到位，甚至是无的放矢进行监督，没有能力及时发现隐患、消除隐患，甚至无力排除隐患。

3）施工企业安全投入不到位

为了谋求效益最大化，施工企业舍不得投入，因此没有必要的防护手段或防护措施不可靠，没有监测室内空气和有毒气体的仪器设施，孔内空气无法检测；没有通风换气设施，没有采取通风换气措施；没有设计孔壁的护壁设施，没有防流沙、涌泥措施；电动机具配电系统没有采用 TN-S 系统，且无安全电压，电线乱拉乱扯，甚至有裸露现象。

4）管理原因

企业管理不善、有关部门监管不力、管理体制不顺、法制观念淡薄导致同类事故多次发生。

（2）对策——人工挖孔施工本质安全化

1）施工准备的本质安全化

在认真研究施工图和工程地质、水文地质资料的基础上，根据地质情况和人工挖孔施工规范、规程，编写施工组织设计和安全技术措施，着重针对工程地质、工艺过程、施工机具、降水方案及止水方法、成孔成桩的顺序、现场临时用电等，合理安排设备、人员和进度，配备防护设施和救护设施，做到"没有安全技术措施、安全设施不齐全不施工"。

对作业人员进行认真全面的安全技术交底，告知其岗位危险和规避危险的方法，并告知防护措施和监控措施，不到位时有权拒绝作业。

2）安全技术措施的本质安全

为防止孔口地面人员坠落桩孔内，孔口要设有 1m 高的护栏，留有合理的作业口，孔口作业人员要系安全带，停工后孔口要加盖封闭；为防止作业人员上下孔时坠落，应配置适用和可靠的升降设备，同时作业人员上下孔要用专用吊笼，严禁用其他方式上下孔。为防止物体打击，孔内作业人员一定要戴好安全帽，孔口设置高出地面 30cm 的井圈，弃土和工具等放置在井圈外，且在孔口内设置距孔底 2.5m 高的防护罩，防护罩应由孔底人员操作，开启方便，便于吊运和防护。为防止坍塌和淹溺，首先是对地质情况复杂、地下水位高、水量丰富、砂层或淤泥层厚等情况，建议修改设计，改用其他桩型，必须用人工挖孔桩施工的应用防流沙和涌泥措施，采用混凝土或钢板沉井的作业方法。降水方案要合理，要考虑到周围原有建筑物和构筑物及公用设施等情况，以免引起孔壁坍塌或对周围建筑物等造成损害。为防止窒息，必须对孔内空气随时进行仪器监测，同时配备通风机和足够到井底的通风管。根据监测的结果和孔底作业人员的需要，随时向孔内通风换气，复工前还应向桩孔内由下而上吹风 10 分钟；遇到有毒有害气体，应设法将孔内人员尽快送上地面，待清除不清洁源后再进行作业。为防止触电，人工挖孔施工必须采用 TN-S 系统供电，做到"一机、一闸、一漏电保护器"，用电系统必须符合《施工现场临时用电安全技术规范》。

3）人员的本质安全

人员本质安全包括人员思想本质安全、人员素质本质安全。

人员本质安全首先要求企业负责人本质安全化，企业的主要负责人必须贯彻"安全第一、预防为主"的方针，做好安全投入，包括人力投入、财力投入和物力投入。要配备能满足企业安全生产技术需要的技术人员和安全管理人员；施工企业必须要有人工挖孔桩施工安全措施和保证措施实施的投入。同时要加强过程控制。人工挖孔桩施工条件艰苦，危险性大，要选用素质较高的作业人员。首先必须是身体强壮的年轻男性，对其要进行体检，确认其身体素质满足孔桩施工需要。要对其进行必要的安全基本知识和操作技能的培训。要告知其岗位危险、预防办法，发生危险时应采取的救护方法，赋予其在施工环境不良时停止作业或拒绝作业的权力。

人工挖孔桩施工发生的伤亡事故多是责任事故，就是说只要责任和措施落实，就不会发生事故。只要加强法制观念，处理好效益和安全的关系，加强企业管理和政府部门的监督管理，人工挖孔桩施工伤亡事故是能够避免的。

4. 人工挖孔桩安全防护措施

（1）孔口围护措施

孔口四周必须浇筑混凝土护圈，并在护圈上设置围栏围护，应高出地面 0.5m，孔内作业时，孔口上面必须有人监护。挖出的土方应及时运离孔口，不得堆放在孔口四周 1m 范围内，混凝土围圈上不得放置工具或站人。孔内作业人员必须头戴安全帽、身系安全带，特殊情况下还应戴上防毒防尘面具。利用吊桶运土时，必须采取相应的防范措施，以防落物伤人，电动葫芦运土应检验其安全起吊能力后方可投入运行。施工中应随时检查垂直运输设备的完好情况和孔壁情况。

（2）孔中防毒措施

地下特殊地层中往往含有 CO、SO_2、H_2S 或其他有毒气体，故每次下孔前，采用足够的安全卫生防范措施，如设置专门设备向孔内通风换气（通风量不少于 25L/s）等措施，以防止急性中毒事故的发生。人工挖孔作业一旦发生人员中毒、窒息等事故，必须在现场按应急措施规范要求实施抢救，根据情况及时送医院进一步抢救治疗，并报当地建设行政主管部门和劳动、卫生部门，以便采取相应措施。

（3）防触电措施

施工现场的一切电源、电路的安装和拆除必须由持证电工操作。用电设备必须严格接地或接零保护且安装漏电保护器，各桩孔用电必须分闸，严禁一闸多用。孔上电缆必须架空 2.0m 以上，严禁拖地相埋压土中，孔内电缆、电线必须采用护套等有防磨损、防潮、防断等保护措施。孔内照明应采用安全矿灯或 12V 以下的安全灯。孔中操作工应手戴工作手套，脚穿绝缘胶鞋。

（4）**防止孔壁坍塌措施**

在熟悉地质条件的基础上，开挖桩孔时原则上要设置混凝土护壁或钢护筒护壁，特别是直径在 1.2m 以上的桩孔。混凝土护壁每节高 1m，厚约 0.1～0.2m，可加配适量钢筋，混凝土强度等级不低于 C25。一般每天挖 1m 深立即支模浇筑快硬混凝土，第二天继续施工。

扩底桩孔应做到：1）当孔底扩头可能会引起孔壁失稳时，必须采取相应的措施，经技术人员审批签字后方可施工；2）已扩底的桩孔，要及时浇灌桩身混凝土或封底，不能尽快浇灌混凝土的桩应暂时不扩底，以防扩大头塌方。

人工挖孔桩开挖程序，应采用间隔挖孔方法，以减少水的渗透和防止土体滑移，防止在挖土或冲抓土成孔过程中因邻桩混凝土未初凝而发生窜孔现象。单桩挖孔应先中间后周边，并按设计桩径加 2 倍护壁厚度控制截面。

孔内根据地质状况需爆破的，严格执行有关的爆破规程。采用委托专业爆破公司进行。

（5）**防止孔壁涌水措施**

当相距 10m 以内的邻桩正在浇灌混凝土或桩孔积水很深时，要考虑对正在挖孔桩的危险影响，一般应暂停施工，人不准下孔。随时加强对土壁涌水情况的观察，发现异常情况应及时采取处理措施。采用潜水泵抽水时，基本上抽干孔中积水后，作业人员才能下至孔中进行挖土。地下水丰富时，可将中间部位桩孔提前开挖，汇集附近的地下水，用1～2台潜水泵将水抽出，起到深井降水作用。孔内必须设置应急软爬梯，供人员上下孔洞使用的电动葫芦、吊笼等应安全可靠并配有防坠落装置，不得使用麻绳和尼龙绳吊挂或脚踏井壁凸缘上下。上、下孔洞必须有可靠的联络设备和明确的联络信号。

孔内作业人员应勤轮换，连续作业时间不宜超过2小时，以防止因疲劳而引发安全事故。

（6）其他安全措施

施工时发现文物、古化石、爆炸物、电缆等应暂停施工，保护好现场，并及时报告有关部门，按规定处理后，方可继续施工。

人工挖孔桩施工前，应针对现场工程地质、水文状况和设计要求编制切实可行而又安全合理的施工方案，配备必要的机具和电器设备，确保各种安全措施及时到位。

（三）桩基施工安全应急预案

1. 应急救援预案区域范围

根据工程特点、场地情况，针对桩基础工程基础施工可能造成各类机械事故和高处坠落、物体打击、护壁并裂造成的土体坍塌、出点、窒息、中毒、中暑及工程与城市的道路及建筑主干道相距较近可能造成对城市道路危害等危及安全重大影响的问题编制工程应急救援预案。

2. 应急救援预案的编制依据

（1）《中华人民共和国建筑法》、《中华人民共和国安全生产法》、《中华人民共和国消防法》。

（2）国务院《危险化学品安全管理条例》。

（3）住建部《工程建设重大事故和调查程序规定》。

（4）《建筑工程安全操作规程》。

（5）行业安全管理委员会及本公司有关安全管理的规章制度和要求。

3. 应急救援预案组织机构及分工职责

（1）应急救援预案组织机构

根据工程的特点和环境情况，成立应急救援预案领导小组。

救援组长：项目经理

副组长：技术负责人

通信联络组、技术支持组、消防保安组、抢险抢修组、医疗救护组、后勤保障组。

应急救援预案组织机构应完善职责分工，并责任到人。同时定期进行应急预案措施的演练，使预案真正达到防患安全事故和减少损失的目的。

（2）应急救援预案领导小组成员及通讯联络电话

（3）公共应急救援联络电话

1）街道派出所：110

2）急救中心：120

3）火警中心：119

医院地址及联系电话

（4）应急预案组织机构分工职责

1）应急领导小组职责：建筑工地发生安全事故时，负责指挥工地抢救工作，向各抢救小组下达抢救指令任务，协调各组之间的抢救工作，随时掌握各组最新动态并做出最新决策，第一时间向 110、119、120、企业救援指挥部、当地政府安检部门、公安部门求救或报告灾情。平时应急领导小组成员轮流值班，值班者必须住在工地现场，手机 24 小时开通，发生紧急事故时，在项目部应急组长抵达工地前，值班者即为临时救援组长。

2）组长职责

① 决定是否存在或可能存在重大紧急事故，要求应急服务机构提供帮助并实施场外应急计划，在不受事故影响地方进行直接操作控制。

② 复查和评估事故（事件）可能的发展过程。

③ 指导设施的部分停工，同时与领导小组成员的关键人员配合指挥现场人员撤离，并确保任何伤害者都能得到足够的重视。

④ 与应急机构取得联系，及时对紧急情况的记录作业安排。

⑤ 场内实行交通管制，协助场外应急机构开展服务工作。

⑥ 紧急状态结束后，控制受影响地点的恢复，并组织员工参加事故的分析和处理。

3）副组长职责

① 评估事故的规模和发展态势，建立应急步骤，确保员工的安全并减少设施和财产损失。

② 安排寻找受伤者及安排非重要人员撤离到集中地带。

③ 设立与应急中心的通信联络，为应急服务机构提供建议和信息。

4）通讯联络组职责

① 确保与最高管理者和外部联系畅通、内外信息反馈迅速。

② 保持通信设施和设备处于良好状态。

③ 负责应急过程的记录与整理及对外联络。

5）技术支持组职责

① 提出抢险抢修及避免事故扩大的临时应急方案和措施。

② 指导抢险抢修组实施应急方案和措施。

③ 修补实施中的应急方案和措施存在的缺陷。

④ 绘制事故现场平面图，标明重点部位，向外部救援机构提供准确的抢险救援信息资料。

6）消防保卫组职责

① 负责工地的安全保卫，支援其他抢救组的工作，保护现场。

② 事故引发火灾，执行防火方案中应急预案程序。

③ 设置事故现场警戒线、岗，维持工地内抢险救护的正常运作。

④ 保持抢险救援通道的通畅，引导抢险救援人员及车辆的进入。

⑤ 保护受害人财产。

⑥ 抢险救援结束后，封闭事故现场直到收到明确的解除指令。

7）抢险抢修组职责

① 实施抢险抢修的应急方案和措施，并不断加以改进。

② 采取紧急措施，尽一切可能抢救伤员及被困人员，防止事故进一步扩大。

③ 寻找受伤者并转移至安全地带。

④ 在事故有可能扩大进行抢险和救援时，高度注意避免意外伤害。

⑤ 抢险抢修和救援结束后，直接报告最高管理者并对结果进行复查和评估。

8）医疗救治组职责

① 对救出的伤员，在外部救援机构未到达前，对受害者进行必要的抢救（如人工呼吸、包扎止血、防止受伤部位感染等）。

② 使重度受害者优先得到外部救援机构的救护。

③ 协助外部救援机构转送受害者至医疗机构，并指定人员护理受害者。

9）后勤保障组职责

① 负责交通车辆的调配，紧急救援物资的征集。

② 保障系统内各组人员必需的防护、救护用品及生活物资的供应。

③ 提供合格的抢险抢修和救援的物资及设备。

4. 应急救援设备、药品配备计划

(1) 应急救援配备计划

1）特种防护品：绝缘鞋、绝缘手套、防毒面具等5套，吊车、电动切割机各1台。

2）抢救用具：安全带、安全帽、安全网、防护网、救护担架等。

3）医疗器材：担架、氧气袋、塑料袋、小药箱。

4）照明器材：手电筒、应急灯、24V以下安全线路、灯具及应急发电机等。

5）通信器材：电话、手机、对讲机、报警器。

6）交通工具：工地常备一辆值班车、备用车辆若干。

7）灭火器材：消防栓、消防水袋、灭火器等。

8）大型进行设备：挖掘机、汽车各一台。

（2）应急救援药品配备计划

止痛膏、十滴水、藿香正气液、碘酒、药纱布、创可贴、万花油、碘酊、红药水、棉垫、绷带、紫药水、酒精、止血胶带若干及常备急救药品等，保证本工程应急救援需要。以上药品存放在工地办公室，所有药品必须有出品合格证，并在有效期内使用；过期的药品必须及时更换，药品应由组长或副组长定期检查，及时补充，确保现场存放足够数量药品。

5. 个体伤害事故应急预案

（1）触电事故

1）施工现场可能发生触电伤害事故的环节

在建工程与外电高压线之间达不到安全操作距离或防护不符合安全要求；临时用电架设未采用 TN-S 系统、未达到"三级配电两级保护"要求；雨天露天电焊作业；不遵守手持电动工具安全操作规程；照明灯具金属外壳未作接零保护，潮湿作业未采用安全电压；高大机械设备未设防雷接地；非专职电工操作临时用电等。

2）预防措施

① 施工现场做到临时用电的架设、维护、拆除等由专职电工完成。

② 在建工程的外侧防护与外电高压线之间必须保持安全操作距离。达不到要求的，要增设屏障、遮拦或保护网，避免施工机械或钢架接触高压电线。无安全防护措施时，禁止强行施工。

③ 综合采用 TN-S 系统和漏电保护系统，做成防触电保护系统，形成防触电二道防线。临时电源线路不行架空设置，且挂设安全警示标志。

④ 在建工程不得在高、低压线下方施工、搭设工棚、建造生活设施或堆放构件、架具、材料及其他杂物。

⑤ 坚持"一机、一闸、一漏、一箱"。配电箱、开关箱要合理设置，避免不良环境因素损害和引发电气火灾，其装设位置应避开污染介质，外来固体撞击、强烈振动、高温、潮湿、水溅以及易燃易爆物等。

⑥ 雨天禁止露天电焊作业。

⑦ 按照《建筑施工临时用电安全技术规范》JGJ 46 的要求，做好各类电动机械和手持电动工具的接地或接零保护，保证其安全使用。凡移动式照明，必须采用安全电压。

⑧ 坚持临时用电定期检查制度。

（2）高处坠落及物体打击事故

1）施工现场可能发生高处坠落和物体打击事故的环节

桩孔内掉物、临边、洞口防护不严；高处作业物料堆放不平稳；架上嬉戏、打闹、向下抛掷材料；桩孔井道边沿 1m 范围内堆放建筑材料；不使用劳保用品，酒后上岗，不遵守劳动纪律；起重、吊装工未按安全操作规程操作。

2）预防措施

① 凡在距地 2m 以上，有可能发生坠落的基坑边、基槽边、桩基口等高处作业时，都必须设置有效可靠的防护措施，防止高处坠落和物体打击。

② 施工现场使用的桩内吊装设备，严格遵守安装和拆除顺序，配备齐全有效的限位装置。在运行前，要对超高限位、制

动装置、断绳保险等安全设施进行检查验收，经确认合格有效，方可使用。

③ 严禁在脚手架上嬉戏，集中堆放建筑材料；严禁打闹、酒后上岗和从高处向下抛掷物块，以避免造成高处坠落和物体打击。

（3）机械伤害事故

1）施工现场可能发生机械伤害的环节

机械设备为按说明安装、未按技术性能使用；机械设备缺少安全装置或安全装置失效；对运行中的机械进行维修、保养、调整，未按操作规程操作；机械设备带病运作。

2）预防措施

① 机械设备应按其技术性能的要求正确使用。缺少安全装置或安全装置已失效的机械设备不得使用。

② 按规范要求对机械进行验收，验收合格后方可使用。

③ 机械操作工持证上岗，工作期间坚守岗位，按操作规程操作，遵守劳动纪律。

④ 处在运行和运转中的机械严禁对其进行维修、保养或调整等作业。

⑤ 机械设备应按时进行保养，当发现有漏保、失修或超载带病运转等情况时，有关部门应停止其使用。

（4）中毒事故

1）施工现场可能发生中毒的环节

人工挖孔桩中，地下存在的各种毒气；现场焚烧的有毒物质；食堂采购的食物中含有有毒物质或工人食用腐烂、变质食品。

2）预防措施

① 人工挖孔桩施工过程中，严格按本方案要求进行毒气监测，并按规定要求配备通风设施。

② 严禁现场焚烧有害有毒物质。

③ 工人生活设施必须符合卫生要求，不吃腐烂、变质食品。

炊事员持健康证上岗。

（5）中暑事故

1）施工现场可能发生中暑的环节

本工程施工期间适夏季高温天气，高温期间没有按规定进行作息时间调整，同时，现场配备"三水"及防暑降温药品不到位，且不全。

2）预防措施

① 合理调整室外露天作息时间，严禁在上午 11 时至下午 16 时之间进行露天作业。

② 安排专人负责现场"三水"供应和防暑降温药品的配备，同时，安排好现场驻地人员的食宿，保证劳动者健康。

③ 发现有身体不适人员，必须立即停止其进行现场作业，并及时送附近的医院就近治疗。

6. 各类事故的处置程序和抢险措施

施工现场一旦发生事故时，施工现场应急救援小组应根据当时的情况立即采取相应的应急处置措施或进行现场抢救，同时要以最快的速度进行报警，应急指挥领导小组接到报告后，要立即赶赴事故现场，组织、指挥抢救排险，并根据规定向上级有关部门报告，尽量把事故控制在最小范围内，并最大限度地减少人员伤亡和财产损失。

项目部应根据现场实际情况，制定出本工程的安全消防通道及安全疏散道路路线图，并确保通道的畅通，遇突发紧急情况时，由专人指挥与事故应急救援无关人员的紧急疏散，根据不同的事故，明确疏散的方向、距离和集中地点。

（1）报警和联络方式

一旦发生事故时，施工现场应急救援小组在进行现场抢救、抢险的同时，要以最快的速度通过电话进行报警，如有人员伤亡的，要拨打"120"急救电话和公司报警电话；如果发生火灾，应拨打"119"火警电话和公司报警电话。

（2）各类事故的抢险措施

1）触电事故的抢险措施

一旦发生触电伤害事故，首先使触电者迅速脱离电源（方法是切断电源开关，用干燥的绝缘木棒、布带等将电源线从触电者身上拨离或将触电者拨离电源），其次将触电者移至空气流通好的地方，情况严重者，边就地采用人工呼吸法和心脏按压法抢救，同时就近送医院。

2）高处坠落及物体打击事故的抢险措施

工地急救员边抢救边就近送医院救治。

3）坍塌事故的抢救措施

一旦发生事故，应尽快解除挤压，在解除压迫的过程中，切勿生拉硬拽，以免造成进一步伤害，现场处理各种伤情，如心肺复苏等。同时，就近送医院抢救。严重可能全身被埋，引起土埋窒息而死亡，在急救中应先清除头部的土物，并迅速清除口、鼻污物，保持呼吸畅通。

4）机械伤害事故的抢险措施

① 对于一些微小伤，工地急救员可以进行简单的止血、消炎、包扎。

② 就近送医院救治。

5）中毒事故的抢险措施

施工现场一旦发生中毒事故，施救人员必须佩戴防毒面具进行救援，对救出的人员要让其大量饮水，刺激喉部使其呕吐，同时，立即送医院抢救，向当地卫生防疫部门报告，保留剩余食品已备检验。

6）火灾事故的抢险措施

① 迅速切断电源，以免事态扩大，切断电源时应戴绝缘手套，使用有绝缘柄的工具。当火场离开关较远需剪断电线时，火线和零线应分开错位剪断，以免在钳口处造成短路，并防止电源线掉在地上造成短路使人员触电。

② 当电源因其他原因不能及时切断时，一方面派人去供电

端拉闸，另外一方面在灭火时，人体的各部位与带电体保持一定距离，抢险人员必须穿戴绝缘用品。

③ 扑灭电气火灾时要用绝缘性能好的灭火剂如干粉灭火器、二氧化碳灭火器、1211 灭火器或干燥砂子，严禁使用导电灭火剂扑救。

④ 一般情况发生火灾，工地先用灭火器将火扑灭，情况严重立即打"119"报警，讲清火险发生的地点、情况、报告人及单位等以便救援人员迅速到达目的地及时进行施救，避免救援时机延误造成更为严重的损失。

7. 应急预案措施的演练计划

（1）成立演练组织，由救援组长组织实施。

（2）工程施工前，必须对施工管理和作业人员进行特别技术培训，并针对应急预案开展救援培训和演练。

（3）演练时必须准备充分，演练应有文字和图片记录。

（4）工程施工时，应急预案演练根据应急知识培训计划一次进行，并在应急知识培训完成后组织相关部门人员进行演练。

（四）安全专项施工方案

为了进一步规范和加强对危险性较大的分部分项工程的安全管理，2009 年 5 月，住房和城乡建设部颁发了《危险性较大的分部分项工程安全管理办法》。

依据《建设工程安全生产管理条例》第二十六条和《危险性较大的分部分项工程安全管理办法》的规定，施工单位应当在危险性较大的分部分项工程施工前编制专项方案；对于超过一定规模的危险性较大的分部分项工程，施工单位应当组织专家对专项方案进行论证。

1. 相关概念

危险性较大的分部分项工程是指建筑工程在施工过程中存在的、可能导致作业人员群死群伤或造成重大不良社会影响的分部分项工程。

危险性较大的分部分项工程安全专项施工方案（以下简称"专项方案"），是指施工单位在编制施工组织（总）设计的基础上，针对危险性较大的分部分项工程单独编制的安全技术措施文件。

2. 管理制度的建立

（1）建设单位在申请领取施工许可证或办理安全监督手续时，应当提供危险性较大的分部分项工程清单和安全管理措施。

（2）施工单位、监理单位应当建立危险性较大的分部分项工程安全管理制度。

（3）各地住房和城乡建设主管部门应当根据本地区实际情况，制定专家资格审查办法和管理制度并建立专家诚信档案，及时更新专家库。

（4）建设单位未按规定提供危险性较大的分部分项工程清单和安全管理措施，未责令施工单位停工整改的，未向住房和城乡建设主管部门报告的；施工单位未按规定编制、实施专项方案的；监理单位未按规定审核专项方案或未对危险性较大的分部分项工程实施监理的，住房和城乡建设主管部门应当依据有关法律法规予以处罚。

3. 安全专项施工方案的管理

（1）施工单位应当在危险性较大的分部分项工程施工前编制专项方案；对于超过一定规模的危险性较大的分部分项工程，施工单位应当组织专家对专项方案进行论证。

（2）专项方案应当由施工单位技术部门组织本单位施工技

术、安全、质量等部门的专业技术人员进行审核。经审核合格的，由施工单位技术负责人签字。实行施工总承包的，专项方案应当由总承包单位技术负责人及相关专业承包单位技术负责人签字。不需专家论证的专项方案，经施工单位审核合格后报监理单位，由项目总监理工程师审核签字。

（3）超过一定规模的危险性较大的分部分项工程专项方案应当由施工单位组织召开专家论证会。实行施工总承包的，由施工总承包单位组织召开专家论证会。

（4）施工单位应当严格按照专项方案组织施工，不得擅自修改、调整专项方案。

（5）专项方案实施前，编制人员或项目技术员责人应当向现场管理人员和作业人员进行安全技术交底。

4. 编制范围

（1）危险性较大的分部分项工程范围

1）基坑支护、降水工程

开挖深度超过 3m（含 3m）或虽未超过 3m 但地质条件和周边环境复杂的基坑（槽）支护、降水工程。

2）土方开挖工程

开挖深度超过 3m（含 3m）的基坑（槽）的土方开挖工程。

3）模板工程及支撑体系

① 各类工具式模板工程：包括大模板、滑模、爬模、飞模等工程。

② 混凝土模板支撑工程：搭设高度 5m 及以上；搭设跨度 10m 及以上；施工总荷载 $10kN/m^2$ 及以上；集中线荷载 $15kN/m$ 及以上；高度大于支撑水平投影宽度且相对独立无联系构件的混凝土模板支撑工程。

③ 承重支撑体系：用于钢结构安装等满堂支撑体系。

4）起重吊装及安装拆卸工程

① 采用非常规起重设备、方法，且单件起吊重量在 10kN

及以上的起重吊装工程。

② 采用起重机械进行安装的工程。

③ 起重机械设备自身的安装、拆卸。

5）脚手架工程

① 搭设高度 24m 及以上的落地式钢管脚手架工程。

② 附着式整体和分片提升脚手架工程。

③ 悬挑式脚手架工程。

④ 吊篮脚手架工程。

⑤ 自制卸料平台、移动操作平台工程。

⑥ 新型及异型脚手架工程。

6）拆除、爆破工程

① 建筑物、构筑物拆除工程

② 采用爆破拆除的工程。

7）其他

① 建筑幕墙安装工程。

② 钢结构、网架和索膜结构安装工程。

③ 人工挖扩孔桩工程。

④ 地下暗挖、顶管及水下作业工程。

⑤ 预应力工程。

⑥ 采用新技术、新工艺、新材料、新设备及尚无相关技术标准的危险性较大的分部分项工程。

（2）超过一定规模的危险性较大的分部分项工程范围

1）深基坑工程

① 开挖深度超过 5m（含 5m）的基坑（槽）的土方开挖、支护、降水工程。

② 开挖深度虽未超过 5m，但地质条件、周围环境和地下管线复杂或影响毗邻建筑（构筑）物安全的基坑（槽）的土方开挖、支护、降水工程。

2）模板工程及支撑体系

① 工具式模板工程：包括滑模、爬模、飞模工程。

② 混凝土模板支撑工程：搭设高度 8m 及以上；搭设跨度 18m 及以上；施工总荷载 15kN/m² 及以上；集中线荷载 20kN/m 及以上。

③ 承重支撑体系：用于钢结构安装等满堂支撑体系，承受单点集中荷载 700kg 以上。

3）起重吊装及安装拆卸工程

① 采用非常规起重设备、方法，且单件起吊重量在 100kN 及以上的起重吊装工程。

② 起重量 300kN 及以上的起重设备安装工程；高度 200m 及以上内爬起重设备的拆除工程。

4）脚手架工程

① 搭设高度 50m 及以上落地式钢管脚手架工程。

② 提升高度 150m 及以上附着式整体和分片提升脚手架工程。

③ 架体高度 20m 及以上悬挑式脚手架工程。

5）拆除、爆破工程

① 采用爆破拆除的工程。

② 码头、桥梁、高架、烟囱、水塔或拆除中容易引起有毒有害气（液）体或粉尘扩散、易燃易爆事故发生的特殊建、构筑物的拆除工程。

③ 可能影响行人、交通、电力设施、通信设施或其他建、构筑物安全的拆除工程。

④ 文物保护建筑、优秀历史建筑或历史文化风貌区控制范围的拆除工程。

6）其他

① 施工高度 50m 及以上的建筑幕墙安装工程。

② 跨度大于 36m 及以上的钢结构安装工程；跨度大于 60m 及以上的网架和索膜结构安装工程。

③ 开挖深度超过 16m 的人工挖孔桩工程。

④ 地下暗挖工程、顶管工程、水下作业工程。

⑤ 采用新技术、新工艺、新材料、新设备及尚无相关技术

标准的危险性较大的分部分项工程。

5. 主要内容

《危险性较大的分部分项工程安全管理办法》规定，专项方案编制应当包括以下内容：

（1）工程概况：危险性较大的分部分项工程概况、施工平面布置、施工要求和技术保证条件。

（2）编制依据：相关法律、法规、规范性文件、标准、规范及图纸（国标图集）、施工组织设计等。

（3）施工计划：包括施工进度计划、材料与设备计划。

（4）施工工艺技术：技术参数、工艺流程、施工方法、检查验收等。

（5）施工安全保证措施：组织保障、技术措施、应急预案、监测监控等。

（6）劳动力计划：专职安全生产管理人员、特种作业人员等。

（7）计算书及相关图纸。

《危险性较大的分部分项工程安全管理办法》规定了安全专项施工方案编制内容的框架。如果仅仅按照《危险性较大的分部分项工程安全管理办法》规定的内容编制，那么编制的方案只能说是基本符合安全专项施工方案的要求。

安全专项施工方案应当包括但不限于《危险性较大的分部分项工程安全管理办法》规定的七个方面的内容。

通常来讲，一份合理而且完整的安全专项施工方案内容应当包括：

1）编制说明。

2）工程概况。

3）施工方案。

4）危险源辨识及风险分析。

5）施工安全保障措施。

6）施工安全应急措施。

7）检查和纠正。

8）方案管理。

以上 8 项要素是构成安全专项施工方案主体架构并体现其基本功能的核心要素。每个核心要素包括若干个对主体架构起支撑作用并为实现其基本功能起保证作用的辅助要素，它们共同构成了方案的整体。

6. 安全专项施工方案的要点

（1）编制说明

1）编制依据

简述方案编制所依据的国家法律法规、行政规章、地方性法规和规章、有关行业管理规定、技术规范及图纸（国标图集）、施工组织设计及编制依据的版本、编号等。采用软件的，应说明方案计算使用的软件名称、版本。

2）安全目标

说明方案所要实现的安全事故指标、管理目标、创优达标、文明施工等具体目标和指标。

（2）工程概况

简明、清晰地简述危险性较大分部分项工程的性质和作用、工程结构特点、施工要求和技术保证条件等；重点说明危险性较大分部分项工程的位置、内容以及工程周边交通、重要设施、场所、地下基础状况等所处地段和周围环境情况。

例如，建筑基坑支护工程概况应包括基坑所处的地段，周边的环境；四周市政道路、管、沟、电力电缆和通信光缆等情况；基础类型、基坑边坡支护形式、基坑开挖深度、降水条件、施工季节、支护结构使用期限及其他要求等。

（3）施工方案

针对危险性较大的分部分项工程，重点简述工程的施工总体部署、施工工艺技术和施工方法、工序。合理确定危险性较大分部分项工程的施工进度，满足工期要求；精心安排人员、施工设备设施、材料；精选施工方法、施工工艺和技术保证条件等。

（4）危险源辨识及风险分析

1）危险源辨识

针对工程的特点，对危险性较大分部分项工程施工过程中存在的潜在的危险源进行辨识说明可能存在的导致人员伤亡、财产损失、环境破坏的各种危险因素。

2）风险分析

根据危险源辨识结果，说明可能发生的事故类型，一旦发生危险事故，哪些位置和环节容易受到破坏和影响以及事故发生造成破坏（或伤害）的可能性以及这些破坏（或伤害）可能导致的严重程度。

（5）施工安全保障措施

说明根据危险性较大分部分项工程危险源辨识和风险分析的结果，针对存在的风险，结合施工环境、设计要求、施工方法所采取的综合治理措施。

1）施工安全技术措施

针对危险性较大分部分项工程，为控制施工安全风险，从施工安全技术上制定具体安全技术措施。

2）施工安全管理措施

针对危险性较大分部分项工程，为控制施工安全风险，从现场组织、安全教育培训、安全技术交底、风险告知、现场管理等方面制定具体安全管理措施。

3）文明施工措施

针对危险性较大分部分项工程，为控制施工可能带来的一系列环境保护、文明施工问题，制定具体措施。

4）安全投入

针对危险性较大分部分项工程的施工特点，根据国家有关规定，说明在现场安全防护、人员教育培训、现场应急管理、文明施工措施等方面拟投入的经费具体预算情况。

（6）施工安全应急措施

简述针对危险性较大分部分项工程施工过程中可能发生的紧急情况，采取相应降低损失和伤害的应急措施。包括现场应急预案制定及培训演练情况。

（7）检查和纠正

说明为保证工程施工保障措施的实施，严格按照相关法律法规和相关技术文件要求，对危险性较大分部分项工程施工现场进行质量和验收以及安全检查、监测监控。明确施工过程采取的监控、监测措施和检查的手段和方式方法。

（8）方案管理

明确方案实施期间具体的方案评审人员、评审方式、评审内容、评审间隔和评审要求等。

（9）附件

详细列出有关计算书、相关图纸及其他需要说明的材料等。

1）计算书包括：计算依据、计算公式、计算参数、计算和验算结果等。

2）相关图纸包括：施工平面图、立面图、剖面图、工况图、节点详图、监测点平面布置图等相关图纸。

3）其他需要说明的材料包括：应急救援设施及道路平面布置图、应急医疗急救路线图、应急救援指挥流程图等未在正文列出需要补充说明的图表、资料。

7. 案例——深厚淤泥填石层长护筒、冲抓、冲孔灌注桩专项方案

（1）工艺简介

经过多轮方案比选，综合成本、安全、工期、质量等多方面因素，本工程最终拟定于基坑顶施工桩基础，鉴于场地地质条件异常复杂，其自上而下的地层分别为：素填土层、杂填土层、填石层、第四系全新统海相沉积淤泥层、第四系上更新统冲洪积黏土层、第四系上更新统冲洪积粗砂层、第四系上更新

统沼泽相沉积有机质黏土层、第四系上更新统冲洪积含有机质粗砂层、第四系上更新统冲洪积（砾）砂层、第四系残积砾质黏性土层、全风化粗粒花岗岩、土状强风化粗粒花岗岩、块状强风化粗粒花岗岩、中风化粗粒花岗岩等（如图 6-1 所示）。

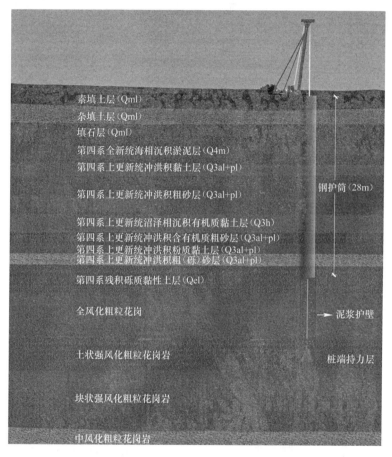

图 6-1　场地地层分布示意

由于填石、淤泥层性状条件差，钻孔施工过程中最大的难点在于填石层的泥浆渗漏、塌孔和淤泥层的缩径，造成难以顺利成孔。为此，采用深长钢护筒护壁，彻底解决上部不良地层对孔桩的施工影响。

1）填石淤泥层护壁——深长钢护筒护壁

护筒安放采用旋挖孔预钻孔、泥浆护壁，钻至一定深度吊入钢护筒；当旋挖机钻孔遇到填石层后，采用液压振动锤沉入钢护筒。液压振动锤的工作原理是通过液压动力源使液压马达做机械旋转运动，从而实现振动箱内每组成对的偏心轮以相同的角速反向旋转；这两个偏心轮旋转产生的离心力，在转轴中心连线方向的分量在同一时间内相互抵消，而在转轴中心连线垂直方向的分量则相互叠加并最终形成钢护筒的激振力，顺利把护筒沉入到预定位置。

2）填石层穿越——冲抓锥破岩抓取

本场地最大的工程地质问题是不均匀分布深厚填石层，当旋挖钻机预钻孔或护筒在下沉过程中，遇到填石时，则采用冲抓锥破碎抓取技术。施工时，采用吊车钢丝绳起吊冲抓锥，冲抓钻头内有生铁块及活动抓片，下落时，锥头叶瓣张开，孔底冲击，使锥瓣切入地层土石中；然后通过钢丝绳提升冲抓锥时，切入地层的锥瓣收拢并抓取土石，提出冲抓锥，卸去土石，如此反复循环，即达到钻孔延深成孔的目的，直至将护筒下沉到位。

3）护筒底以下地层成孔——冲孔钻机成孔

对于深长钢护筒以下的地层，由于即将抵达强风化持力层，为加快施工进度，则采取冲孔钻机施工，确保桩端进入全岩面。

（2）施工工艺流程

深厚淤泥填石层长护筒、冲抓、旋挖钻孔灌注桩施工工法工艺流程如图 6-2 所示。

（3）施工要点

1）桩位测量、桩机就位

① 施工前，专业测量工程师按桩位图纸及设计要求将钻孔孔位在现场测量定位，打入短钢筋立明显的标志，并保护好，并报监理工程师核验，无误后交钻孔班施工。

② 桩机移位前，事先将场地进行平整、压实。

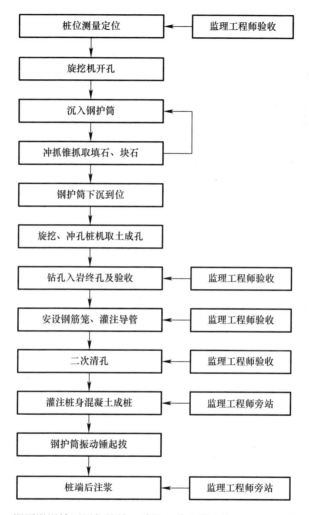

图 6-2 深厚淤泥填石层长护筒、冲抓、冲孔灌注桩施工工法工艺流程图

③ 桩机就位后，将桩位设十字交叉引出桩中心点，用于护筒埋设好后进行桩位复核。

2）旋挖钻机开孔

① 护筒埋设采取旋挖钻机预先开孔，以加快护筒埋设进度。

② 旋挖钻机开孔采用泥浆护壁。

图 6-3 旋挖钻机预先开孔
挖设护筒施工

③ 旋挖深度超过一定深度（约 2.0～3.0m）后，为防止杂填土层垮孔，即可下入钢护筒桩护壁。

旋挖钻机开孔挖设护筒施工如图 6-3 所示。

3）沉入钢护筒

① 钢护筒采用多节焊接，分次性吊入，利用振动锤下入。

② 为确保振动锤激振力，振动锤采用双夹持器，利用吊车起吊。

③ 振动锤沉入护筒时，利用十字交叉线控制其平面位置。

④ 为确保长钢护筒垂直度满足设计要求，设置两个垂直方向的吊锤线，安排专门人员控制护筒垂直度。

⑤ 护筒沉入过程中，设置专门人员指挥，保证沉入时安全、准确。

振动锤起吊、振动锤沉入长护筒情况，如图 6-4、图 6-5 所示。

图 6-4 起吊振动锤

图 6-5 振动锤沉入长护筒

4）冲抓锥抓取护筒内土石

① 当钢护筒下沉一定深度，护筒内存有一定厚度的土层时，

护筒下沉摩擦阻力加大，或当钢护筒下沉遇到填石、块石时，停止振动锤工作，则采用冲抓锥入孔抓取作业。

② 冲抓锥采用吊车卷扬起吊，冲抓钻头内有生铁块及活动抓片，当其提升至一定高度行程后，冲抓锥自动脱钩，冲抓锥叶瓣张开，钻头下落冲入钢护筒土石中，然后提升钻头，抓头闭合抓取土石，提升到地面将土石卸去。

③ 对于桩孔内分布的较大填石或块石，冲抓锥可多次提升、下落重复破碎、抓取，或将填石挤出护筒外

④ 冲抓锥护筒内抓取、振动锤下入护筒依次交替循环作业，直至将护筒下沉到位。

⑤ 护筒沉入过程中，设置专门人员指挥，保证沉入时安全、准确。

冲抓锥起吊入孔、冲抓锥抓取出护筒内填石、振动锤交替循环作业、护筒就位情况如图 6-6、图 6-7 所示。

图 6-6　冲抓锥起吊入孔

图 6-7　振动锤作业将护筒下沉到位

5）旋挖、冲孔桩机取土成孔

① 钢护筒下沉到位后，为加快钻孔施工进度，钢护筒内桩孔深度范围内的地层拟采用旋挖钻机成孔。

② 根据场地勘察资料，深长钢护筒以下的地层主要为：第四系砾质黏性土、全风化粗粒花岗岩、土状强风化粗粒花岗岩、块状强风化粗粒花岗岩，桩端持力层坐落在土状强风化粗粒花岗岩中，因此，场地分布的地层特别适用于冲孔钻机施工，拟采用冲孔桩机成孔至持力层。

③ 旋挖或冲孔钻机成孔采用泥浆护壁。

④ 成孔时，及时调整泥浆性能和泥浆液面的高度，确保使用优质泥浆，以保证孔壁的稳定。

⑤ 钻取的渣土及时转运至现场临时堆土场，集中处理以方便统一外运。

⑥ 本工程桩桩长按设计要求以桩端标高控制，当达到钻孔深度后，及时终孔，并报监理验收。

6）安放钢筋笼、灌注导管

① 钻孔终孔后，及时进行孔底钻渣清理，并及时换浆。

② 钢筋笼按设计尺寸和终孔深度制作，经监理工程师隐蔽工程验收后安放入孔。

③ 钢筋笼采用吊车吊放，为确保钢筋笼居中，设置专门的钢筋保护层保护块，保证桩身垂直度满足要求。

④ 钢筋笼安放到位后，孔口将其位置固定，本工程空桩长度大，钢筋笼固定时，须在上部增设四条加强筋（每条约30m），直达孔口，如图6-8所示。

⑤ 钢筋笼下放后，进入时安放灌注导管；预先调节好导管的长度，初次使用的导管进行压水试验，防止导管漏水而影响桩身混凝土质量。

⑥ 灌注导管底口距孔底约30cm，并在孔口设置导管固定平台。

⑦ 钢筋笼、灌注导管安放过程应紧凑，应采取相应措施（如：孔口钢筋笼驳接时，采用两台电焊机作业），尽量缩短安放时间，以减少孔底沉渣数量。

7）二次清孔、水下混凝土灌注

① 钢筋笼、灌注导管安放完成后，测量孔底沉渣。本基坑

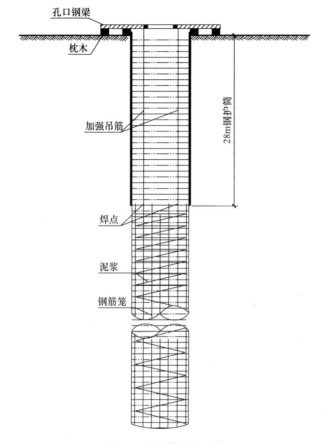

图 6-8　钢筋笼固定示意

支护桩孔底沉渣厚度要求不大于 50mm，因此在灌注前测量沉渣时，采用泵吸反循环进行二次清孔。

② 二次清孔满足设计要求后，立即组织灌注桩身混凝土。

③ 混凝土采用商品混凝土，强度等级 C40，水下混凝土坍落度 180～220mm。混凝土到场后，对其坍落度进行抽检。

④ 灌注方式根据现场条件，可采用混凝土罐车出料口直接下料，或采用灌注斗吊灌。

⑤ 灌注时，及时拆卸灌注导管，保持导管埋置深度一般控

制在 2～4m，最大不大于 6m；在灌注混凝土过程中，不时上下提动料斗和导管，以便管内混凝土能顺利下入孔内。

⑥ 灌注混凝土至设计标高并超灌 1.5m，防止钢护筒振动锤起拔后桩身混凝土标高下落。

8）钢护筒回收、振动锤起拔钢护筒

① 桩身混凝土灌注完成后，随即采用振动锤起拔钢护筒。

② 钢护筒起拔采用双夹持振动锤，由于激振力和负荷较大，选择 50t 履带吊将振动锤吊起，对护筒进行起拔作业。

③ 振动锤起拔时，先在原地将钢护筒振松，然后再缓缓起拔。

④ 护筒起拔过程中，注意观察护筒内混凝土的下降情况。

图 6-9　振动锤起拔护筒

振动锤起拔如图 6-9 所示。

9）桩端后注浆

① 注浆竖管采用直径不小于 25mm 且壁厚不小于 3mm 钢管。注浆管上部露出自然地面 300mm。

② 桩端注浆量：单桩压浆量约为 1.8～2.2t（水泥用量）。

③ 每根桩浇筑完后 12～24h 内必须用清水将喷口冲开。同一承台下的桩必须都浇捣完混凝土并成型后方可开始压浆，并在同一承台下的最后一根桩浇筑完后的 5 天开始压浆。对于群桩注浆顺序应先外侧后内侧，桩端注浆应对同一根桩的各注浆管依次实施等量注浆。

④ 当满足下列条件之一时可停止注浆：

A. 注浆总量和注浆压力均达到设计要求时可终止注浆。

B. 注浆总量达到设计值的 75%，且注浆压力超过设计值。

C. 注浆总量已达到设计值的 75%，且桩顶或地面出现明显的上抬。

（4）设备机具选择

1）深长钢护筒

① 钢护筒长度确定：经详细研究场地钻探资料，充分掌握基坑周边杂填土、淤泥的埋藏深度和岩性特征，在既满足护壁要求又方便施工的前提条件下，确定了钢护筒的长度为 28m，这样护筒底能完全隔住杂填土、淤泥层，进入粉质黏土；28m 深长护筒对桩孔孔壁直到良好的保护作业。根据业主要求，同时考虑到现场深长钢护筒承受的土压力、水压力大，为确保桩基质量，防止缩颈、遇填石层钢护筒下沉困难等因素，拟确定钢护筒壁厚为 1.5～2cm。

② 本场地地层性状差，在下入深长钢护筒、灌注桩身混凝土时，会出现一定程度的扩径。因此，钢护筒内径确定为 $\phi1000$～$\phi1200$mm，以避免护筒增大、桩径过大造成桩身混凝土的浪费。

③ 由于钢护筒下沉和起拔时需经受振动锤振动力作用，为确保钢护筒不变形，根据业主要求，拟确定钢护筒壁厚为 1.5～2cm。当钢板卷制时，对内壁的焊缝进行打磨，确保内壁光滑。

④ 钢护筒卷制时，底部加肋板加厚保护，以增强其沉入时抵御块石的能力。

⑤ 钢护筒顶部设置四个吊眼，方便吊装操作。

钢护筒使用情况如图 6-10 所示。

图 6-10　深长钢护筒护壁

2）振动锤

① 由于本支护桩钢护筒长度为28m，在钢护筒沉入或起拔过程中，需要提供较大的激振力。为此，选择振动锤其最大激振力为850kN，能顺利将护筒下沉或起拔。

② 为保证作业时的平衡性，选择双夹持器振动锤，确保激振力的均衡传递。

振动锤使用情况如图6-11所示。

图6-11　振动锤下沉护筒情况

3）冲抓锥

由于本场地存在大量填石、块石，冲抓锥具有一定的重量和破碎冲击力，根据支护桩桩径大、填石厚且大的特点，选择冲抓锥瓣张开直径为φ600mm型冲抓锥，实际使用效果显示，其具有抓取能力强、破碎效果好的特点。

冲抓锥情况如图6-12所示。

4）旋挖钻机

① 本工程上部（护筒内部土层）除填石层外，均为填土、淤泥、黏性土或砂层，地层对旋挖钻机能力要求低，因此，一般的旋挖钻机均能满足护筒内取土钻进的施工。

② 本工程旋挖桩机进场机型为：SD205、SANY280。

具体旋挖钻机如图6-13、图6-14所示。

图 6-12 冲抓锥

图 6-13 SANY280 旋挖钻机

图 6-14 SD205 旋挖钻机

5）冲孔桩机

本工程护筒下部土层为黏性土及全风化、强风化花岗岩层，为保证桩端进入土状强风化花岗岩层，拟采用 5t 型冲孔桩机（CK1500 型）进行施工，其成孔直径为 900～1500mm，性能完全满足施工要求。

具体冲孔桩机如图 6-15 所示。

6）吊车

① 本工程起重机械使用主要满足：起吊振动锤（4200kg）和钢护筒（16500kg）、起吊钢筋笼等，为满足施工要求，施工时选择 KOBELCO 55t 履带吊车起吊振动锤和钢护筒。

② 实际施工过程中，为满足现场施工需求，现场另配备 1 台 25t 履带吊，负责钢筋笼安放、灌注混凝土吊装以及现场转场、搬运等临时吊装作业以及辅助性工作。

现场配备吊车情况如图 6-16 所示。

图 6-15　CK1500 型冲孔桩机　　图 6-16　现场配备吊车情况

(5) 机械设备配套

本工法现场施工主要机械设备按单机配备，其主要施工机械设备配置见表 6-1。

深厚填石层长护筒、冲抓、旋挖钻孔灌注桩
主要机械设备配置表　　　　　　　表 6-1

序号	设备名称	型号或特征	数量	备注
1	钢护筒	$\phi 1000 \sim 1200$ $\delta 1.5 \sim 2cm$	231 个	深长钢护筒护壁
2	振动锤	850kN	4 个	下沉或起拔钢护筒
3	旋挖钻机	SANY280	4 台	开孔、护筒内地层成孔取土
4	冲孔桩机	CK1500	6 台	护筒下地层成孔、入岩
5	吊车	55t、25t 履带吊	各 2 台	起吊振动锤、钢筋笼、设备转场
5	灌注导管	直径 300mm	300m	灌注水下混凝土
6	灌注斗	3.5m³	4 个	孔口灌注混凝土或送料
7	电焊机	BX1-330	20 台	制作钢筋笼焊接、维修
8	挖掘机	日立	3 台	清场、装卸土石及开挖等

8. 质量保证措施

（1）钢护筒下放及成孔质量控制

1）施工前，根据所提供的场地现状及建筑场地岩土工程勘察报告，有针对性地编制施工组织设计（方案），报监理、业主审批后用于指导现场施工。

2）基准轴线的控制点和水准点设在不受施工影响的位置，经复核后妥善保护；桩位测量由专业测量工程师操作，并做好复核，桩位定位后报监理工程师验收。

3）钢护筒制作满足设计要求，其厚度、圆度、垂直度符合相关规范要求。

4）施工前，做好桩孔周边场地的平整、压实，机械设备就位后，必须始终保持平稳，确保在施工过程中不发生倾斜和偏移。

5）振动锤下入钢护筒时，派专人吊锤线严格控制长钢护筒的垂直度，发现偏斜及时纠正。

6）下钢护筒或成孔过程中，如出现实际地层与所描述地层不一致时，及时与监理、设计部门沟通，共同提出相应的解决方案。

7）成孔时，注意控制孔内泥浆性能；终孔时，按要求进行清孔。

8）钢筋笼制作及其接头焊接，严格遵守国家现行标准《钢筋机械连接通用技术规程》JGJ 107—2010、《钢筋焊接及验收规范》JGJ 18—2003、《混凝土结构工程施工质量验收规范》GB 50204—2002。

9）钢筋笼隐蔽验收前，报监理工程师验收，合格后方可用于现场施工。

10）搬运和吊装钢筋笼时，防止变形，安放对准孔位，避免碰撞孔壁和自由落下，就位后立即固定。

11）商品混凝土的水泥、砂、石和钢筋等原材料及其制品的质检报告齐全，钢筋进行可焊性试验，合格后用于制作。

12）检查成孔质量合格后，尽快灌注混凝土；灌注导管在使用前，进行水密性检验，合格后方可使用；灌注过程中，严禁将导管提离混凝土面，埋管深度控制在 2～6m；起拔导管时，不得将钢筋笼提动。

13）振动锤起拔钢护筒时，派人监测孔内混凝土面的高度，注意观测孔内混凝土面的位置，及时补充灌注混凝土，确保桩身混凝土量。

（2）桩端持力层判断

1）判断时，查阅机组施工记录，合理计算基岩进尺速度，确定微风化岩石进尺效率。

2）取岩样使用细目筛网在出渣口捞取岩渣，从岩屑含量、含泥沙量、泥浆颜色等情况判断是否入岩；捞渣前，对泥浆池、循环沟进行清理，防止岩渣重复入孔，引起误判。

3）入岩判断最终由勘察单位派驻工地的岩土工程师确认。

4）对于确实难以判断的，尤其是桩基核心筒处较密集的桩，可以采取增加勘探孔甚至一桩一孔的办法，进行补充钻探，查明持力层标高位置。

（3）孔底沉渣控制

1）控制泥浆的性能，确保泥浆比重控制在 $1.2～1.5g/cm^3$，黏度控制在 24～26s，使泥浆具有良好的悬浮力，确保冲渣在泥浆循环过程中被携带至孔口外。

2）在基岩冲击中，每进尺 10～20cm，就进行正循环泥浆清孔，以确保成孔的效果及质量，避免清孔捞渣不勤，重复破碎。

3）本工程冲孔桩桩孔深，二次清孔采用普通正循环清孔难以满足孔底沉渣厚度要求。结合本工程的特点，二次清孔拟采用泵吸反循环法。

4）二次清孔过程中，及时进行孔口补浆，保持压力差并逐步调整泥浆指标，不断测量孔底沉渣。

5）灌注混凝土前，孔底 500mm 以内的泥浆相对密度小于 1.25，含砂率不大于 8%，黏度不大于 28s，孔底沉渣厚度≤

50mm。终孔验收由监理现场进行，并签发混凝土浇灌令。

6）二次清孔过程中，不断置换泥浆，直到混凝土运输车进入现场，孔底沉渣、泥浆性能满足要求后，立即浇灌水下混凝土。

（4）混凝土初灌及桩身混凝土灌注质量保证措施

1）经计算，本工程最大混凝土初满足量为 2.9m³，为确保初灌混凝土埋管深度在 0.8m 以上，本工程初灌拟采用 3.5m³ 灌注斗进行，以确保一次性初灌到位。初灌前，将隔水塞放入导管内，压上灌注斗底部导管口盖板，然后倒入混凝土；待混凝土量灌注斗内混凝土满足初灌量时，提升导管口盖板，此时混凝土即压住球胆冲入孔底。

2）为确保灌注顺畅，灌注导管采用直径内径 φ300mm 导管，导管壁厚≥3mm；导管下端距孔底约 30～50cm，导管最底端一节 4～6m，中部为 2.5m，上部 0.3～1.0m 短接，用以调接搭配好导管长度。最底端导管下口呈斜口并加厚；导管要求密封性能良好，每节导管接头处加"O"形密封圈并抹黄油做进一步密封；导管使用前进行导管密封水压试验，试水压力一般为 0.6～1.0MPa，检验合格的导管才能使用。

3）混凝土采用商品混凝土，进场前提供配合比及材料检验报告；混凝土运至现场对混凝土坍落度检验，合格后用于灌注。

4）在拔管前，导管在孔内要不断地来回反插，以增强混凝土的密实度。灌注导管埋入混凝土的深度任何时候不小于 1m，一般控制在 2～4m 之内，最深不超过 6m，以避免埋管过浅导管拔出混凝土面、出现断桩，或埋管过深、出现埋管等灌注事故。

5）孔口设专人测量导管埋深及管内外混凝土面的高差，准确计算导管拆卸长度，填写混凝土浇筑记录，随时掌握每根桩混凝土的浇筑量。

6）水下混凝土必须连续施工，每根桩的浇筑时间按初灌混凝土的初凝时间控制，对浇筑过程中的一切故障均应记录备案。

7）由于桩顶标高处于基坑底以下，灌注时要准确计算桩顶标高位置，确保灌注混凝土到位。考虑桩顶有一定的浮浆，桩顶混凝土超灌高度一般为100cm，以保证桩顶混凝土强度。

8）桩端后注浆的注浆压力、水泥用量等参数严格按照设计要求执行，确保桩端后注浆的质量。

9. 分项工程施工安全措施

（1）施工现场所有机械设备（吊车、振动锤）操作人员必须经过专业培训，熟练机械操作性能，经专业管理部门考核取得操作证后上机操作。

（2）机械设备操作人员和指挥人员严格遵守安全操作技术规程，工作时集中精力，谨慎工作，不擅离职守，严禁酒后操作。

（3）现场吊车使用多，起吊作业时，派专门的司索信号工指挥吊装作业；深长钢护筒起吊时，施工现场内起吊范围内的无关人员清理出场，起重臂下及影响作业范围内严禁站人。

（4）作业前，检查机具的紧固性，不得在螺栓松动或缺失状态下启动；作业中，保持钻机液压系统处于良好的润滑。

（5）当钻机移位时，施工作业面保持基本平整，设专人现场统一指挥，无关人员撤离现作业现场，避免发生桩机倾倒伤人事故。

（6）对已完成的桩孔，及时进行回填或安全防护，防止人员掉入或机械设备陷入发生安全事故。

（7）机械设备发生故障后及时检修，严禁带故障运行和违规操作，杜绝机械事故。

（8）施工现场操作人员登高作业，要求现场操作人员做好个人安全防护，系好安全带；电焊、氧焊特种人员佩戴专门的防护用具（如防护罩）。

（9）钢筋笼制作由专业电焊工操作，正确佩戴安全防护罩。

（10）桩身钢筋笼吊点设置合理，起吊前做好临时加固措施，防止钢筋笼变形。

（11）氧气、乙炔罐的摆放要分开放置，切割作业由持证专业人员进行。

（12）现场用电由专业电工操作，持证上岗；电器必须严格接地、接零和使用漏电保护器。现场用电电缆驾空 2.0m 以上，严禁拖地和埋压土中，电缆、电线必须有防磨损、防潮、防断等保护措施；电工有权制止违反用电安全的行为，严禁违章指挥和违章作业。

（13）施工现场所有设备、设施、安全装置、工具配件以及个人劳动保护用品必须经常检查，保持良好使用状态，确保完好和使用安全。

（14）对已施工完成的钻孔，采用孔口覆盖、回填泥土等方式进行防护，防止人员落入孔洞受伤。

（15）暴雨时，停止现场施工；台风来临时，做好现场安全防护措施，将桩架固定或放下，确保现场安全。

10. 文明施工保证措施

（1）振动锤作业控制施工噪声，施工场地的噪声符合《建筑施工场地界噪声限值》GB12523 的规定。

（2）现场机械设备多，做好机械设备保养和维护，防止漏油污染环境。

（3）根据现场周边环境，在早晨、中午、夜间合理安排施工时间，减小对周边的噪声干扰。

（4）桩基施工采用泥浆护壁，现场做好泥浆系统的规划，设置专门的储浆池，废浆渣及时按要求采用槽罐车密封外运，并运至政府指定的受纳场处理。

（5）冲抓锥、旋挖机抓取出的土石在现场集中堆放，按政府规定派持证持牌合法的泥头车外运；同时，做好现场进出场车辆冲洗，严禁污染市政道路。

（6）做好现场排水系统的设置，所有污水经三级沉淀达标后，再排入市政管道。

（7）灌注桩身混凝土采用预拌商品混凝土。

参 考 文 献

［1］ 徐伟，苏宏阳，金福安. 土木工程施工手册［M］. 北京：中国计划
　　　出版社，2003.

［2］ 李波. 土建施工员岗位实务知识［M］. 北京：中国建筑工业出版社，
　　　2012.

［3］ 阚咏梅. 砌筑工［M］. 北京：中国建筑工业出版社，2014.

［4］ 中华人民共和国住房和城乡建设部. JGJ 94—2008 建筑桩基技术规
　　　范［S］. 北京：中国建筑工业出版社，2008.

［5］ 中华人民共和国住房和城乡建设. JGJ 106—2014 建筑基桩检测技术
　　　规范［S］. 北京：中国建筑工业出版社，2014.

［6］ 中华人民共和国住房和城乡建设、国家质量监督检验检疫总局. GB
　　　50204—2015 混凝土结构工程施工质量验收规范［S］. 北京：中国建
　　　筑工业出版社，2011.